为个性描好色 Personality Power

——把握你的职业性格

（美）索亚·泽奇　安·毕度　著
(Shoya Zichy with Ann Bidou)
靳楚楚 译

中国劳动社会保障出版社

图书在版编目(CIP)数据

为个性描好色：把握你的职业性格/（美）索亚·泽奇（Shoya Zichy），（美）安·毕度（Ann Bidou）著；靳楚楚译. —北京：中国劳动社会保障出版社，2016

书名原文：Personality Power

ISBN 978-7-5167-2236-7

Ⅰ.①为… Ⅱ.①索…②安…③靳… Ⅲ.①性格-关系-职业选择 Ⅳ.①B848.6②C913.2

中国版本图书馆 CIP 数据核字(2016)第 230823 号

中国劳动社会保障出版社出版发行

（北京市惠新东街 1 号 邮政编码：100029）

*

中青印刷厂印刷装订 新华书店经销

787 毫米×1092 毫米 16 开本 19 印张 216 千字

2016 年 9 月第 1 版 2016 年 9 月第 1 次印刷

定价：38.00 元

读者服务部电话：（010） 64929211/64921644/84626437

营销部电话：（010） 64961894

出版社网址：http://www.class.com.cn

各界名人力推《为个性描好色》(*Personality Power*)

“我们评测过几十余种性格分析法，对比之下，我很喜欢本书介绍的色商法（Color Q method），它解答了一个非常重要且其他性格分析法难以解答的问题，这个问题非常重要——‘性格分析法到底有什么用?’色商法可以让读者了解自己的性格对职业生涯有何影响，并且引导读者充分利用性格优化职业生涯。我们公司就是用色商法进行职业指导的，这也是因为这个性格分析法不会触碰至关重要的最低标准：不论怎样，你都需要找一份适合自己的工作并且坚持下去。”

——约翰·考特尼（John Courtney）

纳斯特捷波公司（NextJob）

首席执行官

“我们都知道人际交往能力是职业生涯发展的要素之一。索亚·泽奇（Shoya Zichy）在《为个性描好色》一书中为这些职业能力及其潜在作用做出了最好的定义。她用平实的语言、简单的逻辑为读者揭晓了人际交往的迷津，让读者可以快速了解复杂的性格种类。即便是那些没有读过这本书的人也会从中受益——因为读过这本书的人会把所学应用到生活中，间接地影响到身边的人。”

——艾伦·洛兹（Ellen Reynolds）

西格尔集团有限公司（The Segal Group Inc.）

高级副总裁兼首席人力官

“《为个性描好色》一书可以显著提高收益率、生产率，改善人际沟通。那些采纳书中原则的人会更幸福，工作能力也会随之增强，积极投身到自己的职业选择当中。采纳书中建议的各机构、企业能减少内、外部人员间交流的紧张程度，从而更加完满地完成工作，同时也可以确保适合的人才在岗位发挥最大价值，人尽其才。”

——珍妮特·哈博森（Jeannette Hobson）

威士达国际（Vistage International）

东部大区高级副总裁

“我推荐《为个性描好色》，这是如今众多商业文学作品中不可多得的好书。书中的想法切实可行，提出的建议也便于读者记忆。人们可以在职场有所作为的同时，激励同事呈现出最好的一面。深入了解周围工作环境中的不同性格类型很关键，其中，自身性格特征及其优劣尤其最重要。”

——塞尔吉奥·I. 阿罗约（Sergio I. de Araujo）

大雁拉丁美洲机遇基金（AnSer Latin American Opportunities Fund）

主席

“好的领导力能把员工和组织最好的一面激发出来。这本书把商业经验与心理学视角相结合，为读者提供了独特的职场性格指导框架。”

——凯瑟琳·沃尔顿（Kathleen Waldron）

威廉姆帕特森大学（William Paterson University）

校长

“泽奇是化繁为简的大师，她用通俗易懂的语言解答与职业生涯、性格相关的各种复杂问题。《为个性描好色》就像是我们身边博学的职业顾问。”

——南希·安考维特滋（Nancy Ancowitz）

商务沟通指导师，

著有《内向性格者如何自我推销》（*Self-Promotion for Introverts*）

致　谢

非常荣幸与这么多热爱研究性格差异的朋友一起完成这本书：

彼得（Peter）和凯瑟琳·迈尔斯（Katharine Myers），感谢你们一直以来对性格分类新应用的支持。

大卫·凯尔西（David Keirsey），你的著作《请了解我》（Please Understand Me）让我们进一步了解了性情；琳达·贝伦斯（Linda Berens），你的研究加深了我们对性格分类模型的理解。

美国地方法院法官保罗·克罗蒂（Paul Crotty），感谢你的慷慨引荐。

我们的代理，琳达·康诺尔（Linda Konner），感谢你当初看到本书初稿的潜力，始终如一地关注我们，支持我们。你是一位真正的智者。

充满活力的美国管理协会（AMACOM）团队成员：安德鲁·埃姆贝拉滋德斯（Andrew Ambraziejus）和艾伦·卡迪恩（Ellen Kadin），感谢你们为出版本书而投入的精力，你们的敬业精神和奉献精神让我永生难忘；路易·格林斯坦（Louis Greenstein）、巴里·理查森（Barry Richardson）和威廉·赫尔姆斯（William Helms），你们是实至名归的编辑达人；吉姆·柏森特（Jim Bessent），感谢你为本书审稿，负责本书的出版、协调工作；美国管理协会宣传组的成员，感谢你们的创造力与热情。

心理类型国际协会（APTi）、记者协会（FWA）、培训社区的成员们，感谢你们与我们分享趣闻、秘诀与见解，在这里尤其要感谢南希·安考维特兹（Nancy Ancowitz）、苏珊·布鲁（Suzanne Brue）、艾米莉·克里斯塔基斯（Emily Christakis）、罗伯特·库迪（Robert

Cuddy)、胡安妮塔·戴维斯（Juanita Davies)、玛丽·戴维斯（Mary Davis)、菲利斯·魏斯·哈瑟洛特（Phyllis Weiss Haserot)、埃利斯·雅各布（Iris Jacobs)、克雷格·詹宁斯（Craig Jennings)、劳瑞·劳森（Laurie Lawson)、雷·林德（Ray Linder)、玛丽·利皮特（Mary Lippitt)、简·马洛尼（Jane Maloney)、苏珊·米勒（Susanne Mueller)、安德烈·尼尔伦布格（Andrea Nierenberg)、吉姆·奥赫尔（Jim Oher)、珍妮特·帕拉迪诺（Jeannette Paladino)、帕梅拉·福克斯·罗林（Pamela Fox Rollin)、海勒·拉特利奇（Hile Rutledge)、杰里·桑德拉（Jeri Sedlar)、辛西娅·塞夫顿（Cynthia Sefton)、杰里·所罗门（Jerry Solomons)、坦尼亚·斯特克克（Tanya Straker)、罗布·图米尔（Rob Toomey)、马拉奇·万斯（Malachy Vance）和凯瑟琳·汪克尔（Kathryn Wankel)。

来自索亚的两大智囊团的各位：嘉利特·本·约瑟夫（Galit Ben-Joseph)、黛安·迪罗塞塔（Diane DiResta)、利比·杜白珂（Libby Dubick)、邦妮·哈尔彭（Bonnie Halpern)、劳拉·希尔（Laura Hill)、凯瑟琳·迈耶（Kathryn Mayer)、莫琳·麦卡锡（Maureen McCarthy)、琳恩·莫顿（Lynne Morton）和芭芭拉·斯坦（Barbara Stein)，感谢你们一直以来为我们评估新想法。

我们的实习生奥尔加·葛莱蒂娜（Olga Geletina)、布赖色达·格卡（Brisejda Gjoka)、米娜·赫希（Mina Hirsch）和艾琳娜·施奈德尔（Elena Shneider)，感谢你们在学业之余抽出时间，为研究过程、联络社会媒体提供帮助。

自行车与建造公司（Bike & Build Inc.）项目总监布伦丹·纽曼（Brendan Newman)，感谢您允许我们在本书中分享贵公司越野自行车·建房之旅中应用色商体系的故事。欲了解更多该公司的捐赠活动信息及活动信息，请登录公司官网 www. bikeandbuild. org。

格雷格·毕度（Greg Bidou），感谢你一直以来支持、信任我们，对我们充满耐心。

最后，我们要感谢肖雅的家人——母亲、查尔斯（Charles）、谢拉（Sheila）和菲奥纳（Fiona）一直以来的支持。

目　录

性格评估对象

按出场顺序

本书列举的绝大多数性格评估对象由索亚·泽奇亲自评估，其余由迈尔斯—布里格斯团队进行。

绿色性格：戴安·索耶（Diane Sawyer），美国广播公司（ABC World News）记者兼主播；米特·奥兹（Mehmet Oz）博士，心脏外科医生、电视人物、作家；塞卡·海撒·萨利姆·萨尔曼·萨巴赫（Sheika Hessa Salem Al Salman Al Sabah）公主殿下，科威特“国家发展计划”（ATAMANA）主席；埃里克·戴迪格尔（Erik Detiger），慈善公司（Philanthropia Inc.）总经理；菲奥娜·汤普森（Fiona Thompson），城市土地研究所（Urban Land Institute）人力资源总监；莫巴拉克·阿卜杜哈迪·阿尔多萨利博士（Dr. Mobarak Abdulhadi Aldosari），沙特阿拉伯洛瓦德阿玛洛法教育咨询公司（Rowad Almaarefa Educational Consulting）创始人；卡罗琳·马洛尼（Carolyn Maloney），美国国会议员；凯瑟琳·迈尔斯，迈尔斯—布里格斯性格类型量表版权合伙人；凯瑟琳·阿特伍德（Catherine Atwood），自行车与建造公司越野自行车之旅负责人之一。

红色性格：伯爵夫人伊迪萨·内梅斯（Editha Nemes），前设计师和房地产经纪人；唐纳德·特朗普（Donald Trump），特朗普组织（The Trump Organization）董事长兼总裁；爱德华·科赫（Edward

Koch)，纽约市前市长；兰多夫·A. 霍根（Randolph A. Hogan），自由撰稿人及编辑，《纽约时报书评》（New York Times Book Review）前编辑；希拉·L. 伯恩鲍姆（Sheila L. Birnbaum），世达侵权诉讼保险集团（Skadden Arps Mass Torts and Insurance Litigation Group）联席主管；迈克尔·纳苏（Michael Naso），FBN 证券公司（FBN Securities Inc.）合伙人；玛格丽特·戴维斯（Margaret Davis），海军陆战队奖学金基金会（Marine Corps Scholarship Foundation）主席兼首席执行官；休·海斯勒（Hugh Heisler），海斯勒费尔德曼麦考密克加罗公司（Heisler，Feldman，McCormick & Garrow）合伙人；克里斯托弗·L. 达顿（Christopher L. Dutton），佛蒙特州电力公司（Vermont Electric Power Company）总裁兼首席执行官；约翰·索耶（John Sawyer），纯恩资源（Chon Resources）网络开发者与计算机技术支持和所有者；蒂莫西·R.（Timothy R.），复古摩托车修理师。

蓝色性格：希拉里·罗德姆·克林顿（Hillary Rodham Clinton），美国国务卿及前第一夫人；菲利斯·哈伯曼（Phyllis Haberman），白鹭资本合伙人有限责任公司（Egret Capital Partners LLC）高级总经理；马克·W. 史密斯（Mark W. Smith），史密斯瓦利莱尔专业有限责任公司（Smith Valliere PLLC）创始人；马克·泰勒（Mark Taylor），威士达国际公司主席；凡妮莎·A. 麦克德莫特（Vanessa A. McDermott），美华集团（MWH Inc.）管理咨询师；马修·B. 阿尔斯泰德（Matthew B. Alsted），卡尔弗特投资公司（Calvert Investments）渠道营销和品牌战略副总裁；詹姆斯·G. 斯奎尔斯（James G. Squyres），买房研究公司（Buyside Research）所有人。

金色性格：索尼娅·索托马约尔（Sonia Sotomayor），美国最高法院大法官；沃伦·巴菲特（Warren Buffett），伯克希尔哈撒韦公司

（Berkshire Hathaway）创始人；玛莎·克拉克·高斯（Martha Clark Goss），董事会成员；史蒂芬·布里尔（Steven Brill），灯光设计集团（The Lighting Design Group）总裁及创始人；玛莎·斯隆（Martha Sloane），注册护士助理；西尔维斯特·兰戈（Silvester Lango）博士，整形外科医生；乔治·亚罗柯基（George Yarocki），作家及印度摩托车修理师。

创新途径：莉莉·克莱巴诺夫·布雷克（Lily Klebanoff Blake），董事会成员及新兴市场专家。

其余性格评估者均是本书作者索亚·泽奇的客户及研讨会参与者。

第一章　概述

我独自坐着，滞留在一个闷热的亚洲机场，刚刚结束了一场漫长而又繁忙的私人银行客户寻求之旅。我注意到夜班清洁工身后的垃圾里有一本折角的书，我把它捡了起来，未曾料想，从那刻起我的世界观将会发生翻天覆地的变化。

“如果一个人跟不上同伴的舞步，或许是因为他听到的是另一种鼓点。”这是这本书的第一句话，也是作者亨利·大卫·梭罗（Henry David Thoreau）常被引用的名言之一。这本书介绍了瑞士心理学家卡尔·荣格（Carl Jung）的理论，他对人们接受信息和决策的方式提出了新的见解。出于好奇，我自儿时起就常观察身边的人，这本书的内容证实了我一直以来的某些直觉和感受。受这些信息的激发，我想到了一个可以用于应对客户和员工的新框架。

第二天早晨，在香港的办公室安顿下来后，我决定根据客户的荣格行为方式把他们一一分类。因为时常不在这边办公，我用四种颜色建立了一个简单的分类系统，方便手下的员工使用。在这个系统里，客户被分为四种颜色类别，每一类都有相应的服务策略及人际关系处理方式的简要介绍。例如，“金色性格者来访时，需要确保所有的报告都是最新版本的，所有材料均应以时间顺序呈现。如果有蓝色性格者的预约，就让纽约办公室的投资人员给出三个新方案”。

在接下来的几个月内，我们的新业务业绩直线提升60%，而且业务的拓展基本是靠口碑相传。这个简单的分类系统让我所在的公司获益颇丰，我也一样。我开始享受与客户相处的过程，压力较之前有所缓解，工作以外的人际关系也得到改善。

十年来，我积累了大量的客户关系，涉及各行各业。我依然用同样的方法处理客户关系，不论是什么客户、案子，我通通用颜色编码他们的文档，南美的高净值个人客户、阿布扎比的白袍酋长、雅典的运输大亨、西班牙的贵族地主等，无一例外。结果这一系统真的奏效了，不同性别、年龄、种族的客户，最终呈现的结果是一致的。

然而，原本稳定的事业由于内部重置一夜之间分崩离析，处于水深火热的转型期。因此，我请了几天假，到缅因州重新思考人生方向。我住在一家海滨客栈，客栈门廊外坐着的人正在看伊莎贝尔·迈尔斯的书。伊莎贝尔·迈尔斯建立了迈尔斯—布里格斯性格类型量表（Myers-Briggs Type Indicator，MBTI）。他深受卡尔·荣格的影响，在荣格的研究基础上进一步钻研，最终成功地建立了更加完善的性格类型量表。这也是我正在寻找的人生方向。

我满世界找与迈尔斯—布里格斯性格类型量表相关的信息与资料，包括书籍、研讨会、录音带、专家。我有一种强烈的直觉，新的人生方向就要出现了。突然之间，开始遇到对的人，发生对的事，荣格把这种现象称为“同步性”。

基于之前的公司经营经验，我开创了一种新的方式，把这些想法用到职场环境中，如团队建设、领导力开发及销售。之后，有35 000人参加了我的研讨会。从这时起，我开始把所有的精力倾注在颜色编码系统上，这一编码系统最终发展成为色商模型（详见www.ColorQPersonalities.com）。

老实说，在我非比寻常的孩童时期，我就是靠分析生存下来的。我生来是匈牙利的女伯爵，一家人在埃及法鲁克国王的宫廷落脚。我从小和公主们在坐拥550个房间的大宫殿里玩耍。后来，我们成功地逃离了杰马勒·阿卜杜勒·纳萨尔（Gamal Abdel Nasser）上校发起的革命。

我把自己的知识与经验转化为一个有形的系统，希望可以帮助所有人找到自己独特的长处，追求最优职业，减少生活中重要时期的冲突与矛盾。

色商并不是

色商不是一种否定人的个性的分类系统。它不会衡量教育、智力、心理健康、特殊天赋、经济地位、动机、动力、环境影响等对于核心性格类型的影响。地球上的数十亿人口，每个人都是独特的，而我们只有四种颜色分类。如果你想知道色商中的颜色分类意味着什么，那我告诉你：这是你最真实、最重要的部分，这部分的你永远知道自己真正想要的是什么，如果这些你内心深处在乎的点得不到尊重，你将无法获得真正的快乐。

这一系统不分性别，男性和女性同样适用。虽然在一些类别里，男女所占的比重互不相同，但是每一种性格分类都存在两种性别的人。

色商其实是

色商是一个分类系统，把所有人分为不同的性格类别。色商是对“人格型”专家70年来研究的延伸，本书也是基于专家们的知识撰写的。我可以通过很多种系统来了解他人，但我发现色商是最能深入探索人类行为本质的系统。它证实每一种性格类型都是自然的、公平的，我们可观察并预测它，每一种性格类型都可以收获职场上的成功。一旦掌握了这一系统，它可以为我们提供很多切实可行的方法，帮助我们把自身的优势、天赋放大。

真正非凡的人总会高于基本标准来要求自己。在不消耗自己精力的情况下超额完成目标的途径只有一种——自信、激情。也就是说，你得在正确的地点做正确的事情，而且享受这种状态。听起来有些不可思议？当然不会！那些忠于自己内心的人就是这种状态，他们不在乎否定自己的人，不禁锢于父母的期盼，不屈服于社会的压力。这本书可以为你指明道路，成就你的非凡人生。

色商同样也可以帮助你了解周边人时而让人费解的行为，包括同事、老板和顾客，甚至是朋友、男女朋友、伴侣和孩子。成功在很大程度上取决于情商，读完这本书你会发现自己的“读心”能力有所提升。

享受这段美妙的“读心”之旅吧！

第二章　自我评估测试

职场冲突与员工常处于游离的工作状态等情况已发展到了令人担忧的水平，亟待解决。据从事人力资本统计的现代调查公司（Modern Survey）报道，2011 年美国员工流动突破新高，达到了 70%。CPP 公司为个人及组织（如迈尔斯—布里格斯性格类型指标公司）的发展提供产品和服务，曾于 2008 年发布《人力资本报告》，报告基于对 9 个国家的 5 000 名员工的调研。报告结果显示，美国员工平均每周有 2.8 个小时在处理职场冲突。如果这些时长累计在一起算作工作时长的话，一年的损失将高达 3 590 亿美元。本书是扭转这一现状的有力工具。

在过去几十年里，全世界范围内有几百万人参与我的研究，验证了色商的理论基础。对包括本书两位作者在内的很多人来说，色商系统改变了我们的职业和生活。本章将讲解色商分析的第一步：自我评估测试，它将带你走进这个强大且有趣的专业级私人定制性格分析工具。

色商评估分为四部分，另有一个补充部分。完成这五部分测试约需要 10 分钟。第一部分测试人们最基本的色商颜色，这一色商颜色是你最真实的核心性格类型。

请注意：在这份自我评估测试中，测试者需要遵从内心选择自己的偏好。这里所说的偏好并非“一般情况，我的办公桌堆满了文件，但是我更倾向于保持办公桌的整洁”这种偏好。这里所指的偏好就是指一般情况下的选择。不论强烈与否，你总会有所偏好。

第一部分：说明

第一部分共有 3 节。首先，你需要根据自己的第一直觉在每行的选项中二选一，相信你的第一直觉，第一直觉总是正确的。就像左撇子和右撇子之间没有对错之分一样，所有的答案没有所谓的“对”与“错”。有些人或许右、左手都可以用，但总会有更倾向使用的一只手，这只手用起来不怎么费力，而且更灵活。你的选择也是如此，如果你在两者之间无法抉择，说明你是在压力之下，迫使自己以某种方式行事，并没有真正地遵循自己的内心。现在你要做的就是，放下所有的包袱和压力，遵从内心的选择。

现在，你需要从第一栏或者第二栏中选出一个。不可以选择不填，选择满足 51％以上情况的选项。第一部分完成后，你应该总共答了 27 道题，每节 9 道题，共 3 节。

举例说明，该题是指我至少在 51％的情况下倾向于：

第一栏		第二栏
□更加重视准确率	或	□更加重视深度

在大部分情况下，你更倾向于哪一个答案？“准确率”还是“深度”？在“准确率”或“深度”前的小框里打上对钩，然后进行下一组选择。不可以在两个框里都打钩，你必须分辨出更加偏向或者更不偏向的选项，做出选择。

第一节

确保回答完所有的问题。完成所有题目后，依照说明完成第二节或第三节。

至少在51%的情况下，我倾向于：

第一栏		第二栏
☐更加重视准确率	或	☐更加重视深度
☐对具体事物感兴趣	或	☐对抽象事物感兴趣
☐喜欢说话坦率的人	或	☐喜欢不同寻常的表达方式
☐善于记忆细节	或	☐对细节不敏感
☐脚踏实地	或	☐浮躁，混混沌沌
☐着眼于现在	或	☐看重未来的可能性
☐看重常识	或	☐重视新趋势
☐务实、实际	或	☐富有想象力，善于推理
☐相信事实	或	☐相信直觉

如果你选择第一栏比较多，请直接跳至第三节。如果你选择第二栏比较多，请直接进入。

第二节

至少在51%的情况下，我倾向于：

第一栏		第二栏
☐坦率、直接	或	☐圆滑、老练
☐初接触时对事物持怀疑态度	或	☐初接触时对事物持接受的态度
☐服理	或	☐会屈服于价值观等层面的说辞
☐善于分析	或	☐感性
☐倾向于直面矛盾	或	☐尽可能逃避问题
☐讲究原则	或	☐善解人意

☐ 客观对待批评	或	☐ 主观地看待事物
☐ 不偏心	或	☐ 心怀怜悯
☐ 争强好胜	或	☐ 乐于助人

如果你选择第一栏比较多，就是蓝色性格者。如果你选择第二栏比较多，就是绿色性格者。

第三节

至少在51%的情况下，我倾向于：

第一栏		第二栏
☐ 早于截止日期完成任务	或	☐ 在最后关头完成任务
☐ 行动前制定详尽计划	或	☐ 问题出现了再解决
☐ 准时，有时会早到	或	☐ 不慌不忙，偶尔会迟到
☐ 喜欢凡事有计划	或	☐ 喜欢顺其自然
☐ 喜欢明确的指导	或	☐ 喜欢随意
☐ 喜欢稳定	或	☐ 常常不安分
☐ 保持办公环境的洁净	或	☐ 工位堆满了文件和纸张
☐ 做事审慎	或	☐ 做事随意
☐ 喜欢制定计划	或	☐ 喜欢等待观望

如果你选择第一栏比较多，就是金色性格者。如果你选择第二栏比较多，就是红色性格者。

第二部分：说明

请在该部分阅读你的基本颜色的简介。如果阅读后认为描述准确，请直接跳至第三部分测试第二性格类型。如果不准确，请跳至“如果描述不准确应该怎么办”。

金色性格者（占人口比例46%）

接地气，现实，负责。金色性格者是包括公司、政府在内的所有组织的中流砥柱。你们是社会的卫士与管理者，遵守程序，尊重命令，细致地维护着社会的各个系统，保证所有事物有条不紊地进行。大到管理一个大部门，小到照顾孩子，金色性格者事无巨细。为了达成目标，你们有足够的毅力动员他人，自己也会坚持到底。你们最喜欢列清单，提前制定计划，处理以前做过的事情。

蓝色性格者（占人口比例10%）

善于推理，好斗，总是渴望得到更多知识，获得更多能力。拥有蓝色性格的人擅长处理复杂的或理论层面的事物，以及设计新系统等。你们是天生的怀疑者，遇事的第一反应是批评指正别人，明确他们衡量万事万物的标准。你们在思想与语言上一丝不苟，只相信逻辑，不相信基于经验的条例与程序。蓝色性格者是看向未来的远见者，最适合需要战略思考的工作。然而，你们并没有兴趣维持某种常态。

红色性格者（占人口比例27%）

以行动为导向，随意，着眼于“现在”。拥有红色性格的人需要自由，按自己的意愿行事。你们信任自己的直觉，对他人的评价不予理睬。因为头脑清醒，甚至有冒险精神，所以比大多数人处理事情的能力强，尤其是处理危机的能力。倘若从事一些自由、多变、充满未知与行动的职业，总能为大家带来惊喜，想出上上策。你们需要有趣、公平的工作环境。红色性格者拒绝依照计划办事，经常挑战等级制度。

与长期计划相比，你们更倾向于每天制定短期计划。

绿色性格者（占人口比例17%）

富有创造力、同情心和人道主义关怀。绿色性格者需要一个看重想法的平等环境，希望可以凭借自己的努力给他人的生活带来积极影响。你们有了解人们动机的天赋，因而有非凡的能力影响其他人，能让人们发掘自己最好的一面。同样，你们擅长口头及书面的沟通工作，有落实想法的能力。绿色性格者通常是团队里最富有热情的代言者，你们与众不同，散发着独特的魅力，能把他人吸引到自己的事业中来。

第三部分：说明

现在你已经知道自己的基本性格类型，请返回评估部分，找到你最开始跳过的一节，应该是第二节或者第三节。第三部分是对第二性格类型的测试。你应该会呈现出第二性格类型40％到50％的特征。第二性格类型是对基本性格类型的补充。

如果你的基本性格类型是金色或红色，那么你的第二性格类型应该是蓝色或绿色。

如果你的基本性格类型是蓝色或绿色，那么你的第二性格类型应该是金色或红色。

我的基本性格类型是________，我的第二性格类型是________。

第四部分：说明

在第一、第二栏中，选择自己的答案。这部分共有7题。

至少在51%的情况下，我倾向于：

第一栏		第二栏
□喜欢交谈	或	□喜欢倾听
□独处太久会觉得无聊	或	□需要独处的时间为自己充电
□喜欢在团队里工作	或	□喜欢独自工作或一两个人一起工作
□先开口后思考	或	□考虑成熟后才会开口
□喜欢互动，有活力	或	□喜欢沉思、思考
□知识面广，但没有精通的领域	或	□涉猎领域不多，但精通某些领域
□社交时主动开口与人交流	或	□在社交场合采取被动的态度

如果选择第一栏多一些，那么你的性格是外向的，你从集体活动中汲取能量。

如果选择第二栏多一些，那么你的性格是内向的，你从自己的内在资源中获取能量。

在此记录你完整的性格类型：

基本性格类型：________，第二性格类型：________，外向或内向：________。

外向性格与内向性格扩展

人们总是曲解外向性格与内向性格的区别。这是由于外向、内向的区别看似是人们对充电方式的一种生理倾向。其实，性格外向、内向与否，与社交等能力无关，很多内向的人其实拥有着高超的人际交往能力，然而一些外向型性格者却不愿交际、不善交际。

外向性格者在和人相处或者参与团队活动的过程中汲取能量。如果他们不得不独处很长一段时间或者独立完成某些任务，就会变得无聊、疲惫、意志消沉。相反，内向性格者从独处中获得能量，为自己的内在充电，即便他们也会像外向性格者一样喜欢有人陪伴，然而太多的接触也会让他们筋疲力尽。

外向型性格者和内向型性格者在人群中所占比例一致，很多人把自己的自然倾向隐藏得很好。一个需要为业务进行社交的内向型性格者会佯装成为外向型性格者。同样，你刚才在第四部分做出的选择会说明一切，如果你在某一栏中的选项偏多，那说明你很有可能是明显的外向型性格者或内向型性格者，如果你两个栏的选择数量相差不大，那说明你可能没有明显的外向、内向之分。在你理解并重视这一问题之后，你会发现这两者之间通常存在着十分密切的关系。

接下来

在接下来的第五章至第二十四章，你会了解所有的色商性格分类，也可以着重阅读自己性格的相关章节：绿色性格者请跳至第五章，红色性格者请跳至第十章，蓝色性格者请跳至第十五章，金色性格者请跳至第二十章。阅读完四个基本类型的介绍章节后，请阅读解读自己完整性格分类的章节，在基本性格分类章节之后的四个章节。

如果描述不准确应该怎么办？

色商性格分类描述的是你在没有父母、朋友及生活需求的压迫下，最本真的自我。但是如果测试结果显示的大部分性格特征与你不符，那你很可能不属于这一分类。

建议你再做一遍自我评估测试中两栏选择数量接近的部分。想想看，你在回答问题的时候是否顾及了别人对自己的看法？或者你是否选择的是自己应该怎样做，而非倾向于怎样做？这些想法都会导致错误的测试结果。你需要选择相反的答案，依据指示被分到不同的颜色分类。如果这次与自己情况相符，请回到第三部分继续答题。

或者，你也可以向非常了解自己的家人或者朋友寻求帮助，在征得他们同意的情况下让他们代你作答。你或许会觉得吃惊，但这种情况也不是没有出现过。曾经有一位律师，她有一个十分了解她的朋友完全选对她的答案！这位律师不愿承认自己的真实倾向，如在办公桌上堆满文件，在截止时间的最后关头急忙忙地完成任务。请记住，没有人会评判你或者建议你必须有所改变。你性格分类中的“缺点”很可能也是优点，如这位律师在混乱氛围下工作效率很高，而且她富有创造力。

如果你目前正在经历人生中的巨变期，或者对自己的生活不满，那么这些被迫做出的选择或许会反映出你的一些生存技能，但这绝不是你的真实倾向。或许，你已经忘记了自己的真实倾向，其实不幸福的感觉就是真实倾向被否定的信号之一。现在想象你活在自己的世界里，你不需要考虑别人的感受和想法，然后再来回答测试的问题。如果你的性格分类依然错误，那就需要待自己和所处的环境稳定下来之后再来测试，这样才能得到正确的性格分类。

第三章　如何使用本书快速获得答案

大部分人由于冲突、压力和挫败感，在工作中时常处于精神游离状态。据统计，33%的人在工作时长期处于游离状态，平均每年会造成3亿美元的生产力损失。据《纽约时报》（*New York Times*）2011年的一篇报道《快乐的人是否工作更努力?》描述，工作有意义、有进步是最大的职业动机，而非加薪、奖金。

如果人们被迫长期待在一起，就会发生冲突；然而，其实在这种情况下，人与人之间也可以碰撞出创造力的火花，有所成就。想要有所成就的重点是发掘每个人（即便是那些挑战你敏感地带的人）的长处，并且加以利用。本书的色商系统为你提供了经过充分研究的方式，让你更加专注地投身于对自己有意义的工作当中，有所进步。

若想使用色商工具并迅速有所成效，请参照以下方式：一是依照第二章，辨别自己的基本色商性格类型；二是完成自我评估测试，找到与自己吻合的类型，尤其注意内向、外向的区别；三是在自己色商性格类型所对应的章节中，重点阅读有关自己的长处与动力的内容。你还需要研究自己的盲区与压力源，搞清楚究竟有多少因素正困扰着你，尽可能在本书中找到消除盲区与压力源的方法，以长处与动力取而代之。

第四章　色商性格系统：发展基础与历史

本章主要针对蓝色性格者和金色性格者。绿色性格者也应该读，因为这章可以帮助你与蓝色性格者和金色性格者更有效地进行交流。红色性格者可以跳过这一章节，直接阅读第十章有关红色性格的讲解。

即便没有系统学习过性格分类，把人们归类到特定的性格类别也不是什么难事，如敢于冒险的、文艺的、实际的、理智的等类别都很显而易见。虽然“性格型”是个新名词，但把人们分类到特定的性格模式的研究可以追溯到公元前 400 年。那时，亚里士多德（Aristotle）、希波克拉底（Hippocrates）和伽林（Galen）等智者提出“四体液说”（four “humors”）——血液质（sanguine）代表愉快、自信，黑胆质（melancholic）代表消极、抑郁，黏液质（phlegmatic）代表冷漠、镇定，胆液质（choleric）代表易怒。

四类别这一分类方式一直延续到现代。20 世纪 20 年代，西格蒙德·弗洛伊德（Sigmund Freud）的得意门生卡尔·古斯塔夫·荣格（Carl Gustav Jung）离开师门，创立了自己的学说。这位心理学界的先驱在 1921 年发表了《心理类型》（*Psychological Types*），把四大“功能”（four “functions”）理论化。四大“功能”即人们在现实生活中的处事方式——思考（thinking）、感受（feeling）、感知（sensation）、直觉（intuition）。

荣格的理论比较抽象，几乎没什么人能读懂，因此也没什么人知道。直到 1942 年凯瑟琳·库克·布里格斯（Katharine Cook Briggs）

及其女儿伊莎贝尔·迈尔斯开始研究如何了解人们在荣格理论下的性格分类，他的理论才被人们熟知。经过量化观察与科学验证，这两位美国女科学家研究出了目前全世界范围内最广泛使用的性格分类系统之一——“迈尔斯—布里格斯性格类型指标”。每年都有近 200 万人使用迈尔斯—布里格斯性格类型指标的性格量表进行性格分类测试。

20 世纪 50 年代，大卫·凯尔西把希腊人的幽默添加到了荣格与迈尔斯—布里格斯性格类型分类中。1978 年，他出版《请了解我》，列出了四种性格人群，这是本书色商性格系统的理论基础。色商系统把性格类型分为蓝、金、绿、红。

迈尔斯—布里格斯性格类型指标的性格量表已经使用了 50 多年，相信，今后更为深入的研究将会继续落在下一代人才的肩膀上。皮特和凯瑟琳·D. 迈尔斯自 1942 年起对分类工具展开研究，后来，二人成为性格分类领域的权威成员组织心理类型国际协会的首任主席。迈尔斯—布里格斯基金会前任主席皮特·迈尔斯继承了母亲伊莎贝尔·迈尔斯的事业，继续推动性格分类在全球范围内的研究。他相信，“每个人，乃至全人类的每一次成功均源于有效的认知与抉择”。其关键在于顺应人的自然偏好，而非背道而驰。

凯瑟琳·D. 迈尔斯说：“我用荣格的理论框架审视人生，这一视角与伊莎贝尔的母亲凯瑟琳·库克·布里格斯的一致，她是迈尔斯—布里格斯性格类型指标的初始理论家。”“我相信卡尔·荣格比任何人都能更好地阐释人们的行为，包括错综的无意识的行为和有意识的行为。”

凯瑟琳·D. 迈尔斯是典型的绿色性格者，作为顾问及学校的心理医师，她自然而然地影响着他人，引导他人的成长。她说：“我热爱我从事的职业，这种热情从未减退。如今我 86 岁了，我都没有想过我会依然坚守在我的岗位上。”凯瑟琳·D. 迈尔斯会作为性格评估对象出现在第九章，她是典型的绿色/红色内向性格者。

随着现代脑部扫描技术的问世，迈尔斯—布里格斯性格类型指标从抽象的理论发展成为实证科学。实验证明大脑不同区域受到化学物品的刺激会产生不同的行为影响，这证实了很多迈尔斯—布里格斯性格类型指标的理论，也证明荣格的理论确实是正确的。虽然每个个体都是独一无二的，但是实验发现有一部分核心偏向保持不变，十分稳定。

色商只是性格分类的简要介绍。对于想要深入探索的读者，我建议你们研究迈尔斯—布里格斯性格类型指标性格量表，阅读卡尔·荣格和大卫·凯尔西的著作或者其他与迈尔斯—布里格斯性格类型指标相关的文献资料。

当我为公司客户举办团队建设与领导力发展研讨会时，我亲眼目睹了冲突如何在顷刻间转化为生产力。我们的客户不乏各行各业的权威人士及领头的团队、企业与组织，如美国财政部、汉华银行(Chemical Bank)、德勤会计事务所（Deloitte)、海军陆战队奖学金基金会、美林证券公司（Merrill Lynch)、诺基亚（Nokia)、培基证券(Prudential)、宾夕法尼亚政府领导力研究所（the Government of Pennsylvania Leadership Institute)、瑞士联合银行（UBS)、美国国际开发署（USAID)、沙特阿拉伯的各学院等。我教授人们凭借色商系统进行“类别转化”，包括辨别其他性格种类及与其他性格种类交流的策略，得到客户的一致好评。据统计，每年发生的职场冲突会造成3亿美元的损失，而且这一数值还在继续上升。在这种情况下，解决性格冲突迫在眉睫。

第五章　绿色性格人群概况

绿色性格人群约占世界人口的17%。如果你并非其中一员，却想知道识别绿色性格者的方式，想知道怎样与这种性格的人打交道，可参照本章结尾“识别具有绿色性格的同事”提供的建议。

新闻人物　戴安·索耶

要说全美最具辨识度的绿色性格者，戴安·索耶算一个。她是美国广播公司世界新闻（ABC World News）的晚间新闻主播，拥有几百万听众。

自2009年12月跻身美国广播公司女主播以来，她跟进的新闻有一个共性：聚焦世界，让世界变得更加美好，如教育、绿色技术在中国的发展进程，人们对穆斯林教徒的谬见，海地毁灭性地震的余波。这些新闻主题体现了绿色性格者富有同情心、具有人道主义关怀的典型特征。给社会带来积极的改变是她工作的驱动力，美国最贫困的城市新泽西州卡姆登市、身处困境的阿巴拉契亚儿童、俄罗斯孤儿、饱受虐待的智障儿都是激励她工作的动力。

戴安关怀他人，这一性格特征助她赢得1963年“美国豆蔻小姐”（America's Junior Miss）桂冠，也让她成功进军电视新闻界。要知道那个年代进入电视新闻界好比“万人争挤独木桥”，戴安被罗恩·齐格勒（Ron Ziegler）看中，为尼克松总统政府效力，后来也是尼克松与福特团队的一员。正是因为这段经历，1978年，戴安成为哥伦比亚广播公司新闻（CBS News）的政治新闻记者后遭到了同事的排挤。“水门事件”一度让戴安声名狼藉，她靠绿色性格中的两个特质东山再起：一是自身魅力，二是为了好的新闻故事可以牺牲自我的毅力。为了报道“伊朗人质危机”事件，她那段时间每天只睡一小时。此后，虽然一路走来并不易，但公众慢慢再次接受了她。

到了1981年，听众被她绿色性格中流露出的温暖所征服。戴安荣升为哥伦比亚广告公司早间新闻（*CBS Morning News*）女主播，后来成为王牌新闻栏目《60分钟》（60 *Minutes*）的第一位女性主持人。在这档栏目里，她“不见血”便可剖析事情本质，因而广受关注。绿色性格者是专注的倾听者，他们的提问总是一针见血。

1989年，戴安跳槽到美国广播公司重操旧业，成为电视新闻杂志《黄金时间直播间》（*Prime Time Live*）的女主播，《黄金时间直播间》是《20/20》的前身。她在1999年临时参与《早安美国》（*Good Morning America*）的制作，之后于2009年12月跻身成为美国广播公司国际新闻当家女主播。

绿色性格者对真实的执着追求是与生俱来的，这使得他们在电视界、电影界如鱼得水。不论是否是名人，你都需要抓住一些创造性的机会来影响别人。你擅长用笔杆、文字与人打交道，较多从事作家、电视节目主持人及传记作者等类型的工作。

电视人物　米特·奥兹博士

米特博士（据估计属于绿色性格者）首次亮相时，只是《奥普拉脱口秀》（*The Oprah Winfrey Show*）中一名再普通不过的嘉宾。然而2009年时，他已经开办了自己的脱口秀节目，关注人们的健康问题。除了主持《奥兹博士脱口秀》（*The Dr. Oz Show*），他还是《纽约时报》健康版块六部畅销书的作者。此外，他每年还会主刀250例心脏病外科手术。他时常练习“超脱禅定法”（Transcendental Meditation)，并对此有绿色性格者独到的见解：“当我冥想时，所到之处尽是真理，我能看到真真切切的现实，这样一来构建良性关系就简单得多了。”

除了娱乐产业，绿色性格者也擅长做销售、市场营销、公关工作。凯瑟琳·迈尔斯巧用自身是绿色性格者这一特征，把迈尔斯—布里格斯性格量表发展成为全球认可最为广泛的性格类型系统。迈尔斯是绿色/红色性格内向型性格者，她说：“对我来说，内在价值的实现才是最重要的。一直以来，我都想把世界变得更加美好。”

塞卡·海撒·萨利姆·萨尔曼·萨巴赫公主殿下

塞卡·海撒是王室成员，她拿到了“绿色与职场色商”（Green and Color Q）执照，计划凭借职场色商系统造福家乡科威特人民。她在科威特央行的信息系统部门任职近20年，除此之外，她支援过多个为家乡年轻人提供帮助的项目。

当被问及最喜欢做的事时，她的绿色性格展露无遗，她回答说：“我愿意倾听年轻人的心声，走进他们的内心深处，了解他们的愿望，做他们的领路人，帮助他们实现愿望。我帮助年轻人的方式是提供有助于他们进步的信息。我也会定期安排家庭聚餐，增进家人之间的感情。”公主殿下担任“国家发展计划”主席，致力于培养新一代领导者。在此之前，她任职于“科威特国家青年协会组织”，参与“百分百科威特工程”，关注与年轻人相关的小型项目。“国家发展计划”又称“ATAMANA”，意为“我希望”，塞卡·海撒在这里的工作让她能够“帮助年轻人实现愿望”。该计划由专家、学者及雄心壮志的科威特年轻人共同运营。她解释说这一项目“旨在改变年轻人在现代社会中的自我认知，让他们的生活更加和谐，更有幸福感，让他们为国家发展与建设奉献自己的力量”。

与很多绿色性格者一样，每当支援年轻人的项目计划因政府的繁文缛节无法如期开展时，都会给她带来巨大的压力。每当工作中出现矛盾与冲突时，“我会把注意力放在其他喜欢的事情上。经验告诉我，我应该化悲痛为希望，化消极被动为积极主动”。

她绿色性格中“关注全世界”这一点与她王室成员的身份非常契合。与很多绿色性格者一样，她在一步步的探索中找到自己的使命：“愿我的项目可以照亮年轻人的奋斗方向，帮助他们走向有助于祖国建设与发展的人生之路，让科威特跻身发达国家之列。当然，在全世界范围内推进我的项目，为所有的年轻人谋福利也是我努力的方向。”

• • •

对绿色性格者来说，阅读这本书意义非凡，因为你喜欢研究人，这是你与生俱来的兴趣所在。你可能想评估身边每个人的性格颜色分类来检验本书提供的人际交往建议。

其他类型颜色性格者或许会认为你的这些技能很“弱”。本书会告诉你如何利用这些技能取得优势，在应对冲突时变得更强大。你卓越的营销天赋可以打造经久不衰的产品与品牌，赢得客户的认可与信任。你的人际交往能力可以让腥风血雨的团队或部门回归平静——凭借这样的能力，你理应拿最高薪资。

在绿色性格者领导的带领下，人员流动性将大幅下降，团队的工作能力将处于峰值。

快去探索自己，找到自己在职场中摘得桂冠的最自然的途径吧！

识别具有绿色性格的同事

外部环境线索

- 穿着华丽的彩裙或波西米亚裙。
- 在办公室摆放艺术品或雕塑，办公室呈暖色调或色彩丰富，家具的摆放最有利于交谈。
- 房间陈设尽显友好，有供访客食用的咖啡、茶及糖果。
- 因为绿色性格者找东西很快，所以桌上的物品成堆摆放。
- 如果条件允许则会摆放盆栽与水族馆。
- 摆放很多家人与朋友的照片。

个人习惯——个人行为

- 欢迎他人，经常摆出富有表现力的手势。
- 专注地倾听他人的想法。
- 随意的肢体语言给人温暖的、真实的感觉。

个人习惯——措辞

- 语言表达流畅，具有概括性，让人印象深刻，富含隐喻。
- 常有自嘲式的幽默。
- 国际化思维，有大局观，理想主义者。
- 关心他人、善解人意、圆滑，能够诱发人们展现最好的一面。
- 具有不同寻常的说服能力。
- 能够化解不同争端下的矛盾。

• 对批评很敏感。

如何与绿色性格者打交道——“风格转化”建议

• 选择和谐的会面环境。

• 围绕个人进行交谈——谈及家庭、兴趣与宠物。

• 倾听时要投入，要有反馈。

• 有独到的见解，富有创造力与洞察力。

• 避免程式化的交谈，不能完全脱离谈话要点。

• 重视所有利于个人发展且有助于他人的机会。

• 提出具有创新性、着眼于未来的解决方案。

• 措辞积极，鼓舞人心。

• 能够控制谈话中的事实与细节信息。

• 团队协作能力强，避免矛盾冲突，与世无争，除非你觉得与人相争可以给自己带来乐趣。

绿色性格者独特的矛盾处理方式

绿色性格者通常会避免矛盾冲突，以和为贵，优先考虑合作。但是你若胆敢叫板他们的价值观，他们会变得咄咄逼人，出乎你的预料。如果你忽视人这一要素，只专注事实与细节，或在政治上重伤他人，那么绿色性格者将热情不再，也不会继续配合你。他们会倾听八方意见寻求结果，力求营造双赢的局面。

第六章　绿色/金色外向性格

你不仅仅具有绿色性格，你的性格中也透露出强烈的金色性格特征，即第二性格。经测试，你的色商为外向型，这意味着你为自己充电时喜欢与他人相处而非独处。绿色/金色外向性格者是天生的沟通者，具有不同寻常的影响力。你沉着冷静，能与他人顺畅地交流，轻而易举便可消除对峙局面。绿色/金色性格者在内在价值得到肯定的和谐的工作环境下，得以蓬勃发展。

首要激励因素

因为性格外向，你需要他人的支持与包容。你会为同事和客户营造双赢局面。当关系破裂阻碍成功时，明智的管理者会向绿色/金色性格者寻求帮助。

绿色/金色性格者乐于帮助他人取得成功。虽然这类人仅占世界人口的5%，却能为世界带来巨大影响。

或许你想跳过分析自身性格类型这部分，直接研读如何了解同事性格类型。记住，只有了解自身优势才能更加深入地了解别人。

企业文化——寻找最优匹配

寻找或者创造最优工作环境是所有性格类型人的责任。不同色商性格类型的最优文化氛围不同。一家公司的优势放到另一家公司或许会变成劣势。企业文化本身可能不会功能失调，比如，绿色性格者讨厌蓝色性格者喜欢的东西。冲突、削弱的优势、怨恨及挫败感都是文化匹配不成功的表现，倘若你了解自己的喜好，就可以避免这些问题。

绿色/金色外向性格者最喜欢的工作环境具有以下特点：

·与他人和谐相处。

·竞争少。

·奖励忠诚者。

·可以自由表达内心想法。

·可以获得积极、热情的反馈。

·周围环境井然有序、有吸引力。

·根据员工的需求权衡经济利益。

如果你认为以上这些点显然与自己匹配，那说明你的测试结果正确。与蓝色/红色内向性格者的理想工作环境对比一下。

绿色/金色外向性格者最不喜欢的工作环境具有以下特点：

·勾心斗角，充满竞争。

·公司忽视或拒绝为员工提供所需，认为关注员工需求是一种施舍。

·没有明确的公司文化。

·多批评、对峙、中伤及恃强凌弱现象。

·员工间关系不融洽。

·有大量细节工作。

- 强迫员工做出艰难甚至伤害他人的抉择。

经营管理现状，塑造个人形象

绿色/金色外向型性格者管理的团队通常稳定、和谐，拥有完善的构架。作为领导，你善于为公司制定使命，能雇用合适的员工完成公司使命。你很清楚如何对待员工，你不是独裁者，遇到困难你会卷起袖子亲力亲为，协助团队渡过难关。

凭借非凡的影响力，你会用激情和期望塑造个人形象。

绿色/金色外向型性格的领导善于帮助手下挖掘内在潜力。你向往崭新的前景，所以很注重结果。你可以轻轻松松地以幽默的方式缓解紧张气氛。你的价值观可以把同事之间的冲突扼杀在摇篮中。

案例一：绿色/金色外向型性格者中的成功人士

埃里克·戴迪格尔，慈善公司总经理

戴迪格尔是纽约市慈善公司的创始人兼总经理。他的客户大多是著名的慈善机构，如联合国儿童基金会（*UNICEF*）、妇女难民委员会（*Women's Refugee Commission*）及美国哥伦比亚大学人权研究院（*Columbia University Institute for the Study on Human Rights*）。戴迪格尔为公司寻找战略伙伴，制定方案，为这些慈善机构的战略发展提供资金支持。他的网站 *FundsforNGOs.org* 每月为一百万名访客免费提供资金筹集所需的工具、资源和培训。

在阿姆斯特丹自由大学（*the Free University of Amsterdam*）取得政治学博士学位后，他一直以谋求人类福祉为职业生涯方向。他涉猎的领域有抵制人权侵犯、跨境医疗保健、难民援助和抵制国际童工虐待。戴迪格尔的第二性格金色性格为他指明募集资金和管理方案的明确方位，他的外向型性格赋予他演讲、训练的天赋。凭借突出的能力与过人的天赋，他曾在亚洲、非洲和欧盟参加各种研讨会。

“我的长远目标不是财富和名誉，”这位典型的绿色/金色性格者如是说，“而是在帮助人们的过程中收获满足感。我可以通过这个网络平台帮助更多的人。赚钱不是我的动机，做善事才是。”

菲奥娜·汤普森，城市土地研究所人力资源总监

汤普森与戴迪格尔的价值观相似，她是城市土地研究所的人力资源总监。她负责处理这所非营利研究、教育组织位于美国、伦敦、德国和香港办事处的员工关系和职业发展。她鼓舞员工士气，让员工团结一致，为研究所留住了很多人才。“做一份有意义的工作，我喜欢这种感觉。我能让员工的生活更加美好，相应的，他们也会更加积极地投入工作，共同完成公司的使命。”她天生具有绿色/金色性格者说服员工入伍的才能，她说：“我和员工的关系很好，我鼓励他们这么做。”

处理冲突是菲奥娜工作的一部分，她总能成功克服绿色/金色性格者的弱点。“我不愿意批评指正他人，我也不喜欢冲突，所以我会努力保持耐心，在与他人交流时，我可以改变交流方式以适应他们的个性。我时常提醒自己把心放宽些。”

融入团队，打造优质高效团队

绿色/金色外向性格者常担任团队领导或发言人，负责阐述团队的价值观。你会说出其他成员只敢想却不敢说出的话。你享受交流想法的过程，这时每个人都在倾听，你有能力激励发言较少的成员参与进来。让敌对的团队成员之间恢复正常交流是你的一大优势。“我认为大多数冲突是没有意义的，既浪费时间，又浪费精力，”戴迪格尔说，“我会以一种幽默的方式化解冲突，谦逊地向他人表示尊重。”

你有协调项目，把控项目进程，管理资源的天赋，很少逾期完成工作。

你工作努力，终将在自己的职业生涯上有所突破。“刚搬到纽约时，我没有工作，”戴迪格尔说，“我在英国随便找了个地方落脚，一个人都不认识，靠自己的实力白手起家。”

交流方式

你只需要调整措辞，顺应其他颜色类型的性格，就可以改变局面，带来积极的影响。“主观分析与客观分析”“理论与实践”“循规蹈矩与灵活处理”这三组矛盾是绝大多数职场冲突的根源。由于你的第二性格特征，与他人交流时你会像菲奥娜·汤普森一样根据对方的风格相应地调整交流方式，这是你在谈判、管理和面试时的独有优势。

绿色/金色外向性格者天生健谈，可以敏锐地把握非语言线索。你回答速度特别快，口才稍逊的同事甚至跟不上你的节奏。你喜欢用抽象概念、隐喻和类比，常强调“价值观”“人际关系”“感受”和“友好”这些词语。相反，红色性格者喜欢用“刺激”“享受”和“现在”这些词。绿色性格者倾向于使用理论行话、数据和专业术语。和你具有某些相同性格特征的金色性格者则常把“事实”“传统”“受人尊重”和“证明”等词语挂在嘴边。

绿色/金色性格者深知其他人想听什么，这一技能可以缓解团队的紧张气氛，有助于谈妥生意。

盲区

绿色/金色性格者普遍存在这些盲区，其中一些可能对你来说也适用：

• 使用隐喻和类比，不使用具体、实际的词语。倘若说话直接，则可以大大拉近与金色性格者和红色性格者的合作关系。

• 意识不到或许在其他性格类型的人看来充满热心与激情满满是不专业的表现，绿色性格者尤其看不清这点。

• 过于投入。

• 把了解事实、证实事实放在次要位置。

• 把他人想象得太完美，结果很失望。

• 对自己过于苛刻，把建设性指正当作指责。

• 过早扭转冲突，导致核心问题没被解决。

• 认为出现问题是自己的错，实际上并不是你的错。

• 因为说教而惹怒他人。

引发疲劳和冲突的压力源

让绿色/金色外向性格者产生压力和疲劳感的工作环境包括：

• 松散的开放式环境。

• 约束少。

• 重复性工作较多。

• 最后关头频繁发生变动。

• 长期独自工作。

• 周围很多肚量狭小的苛刻同事。

绿色/金色外向性格者在高压下容易变得专横跋扈、爱挑毛病、厉声厉色，处于压抑的状态。你可能错误地认为分歧意味着永恒的关系破裂。绿色/金色外向性格者疲惫后易变得冷酷、呆板、沉默寡言。在闲余时间，可能会出现失眠症状或不想参加往常的娱乐活动。

自我指导，探寻高效工作关系

若绿色/金色外向性格者试图通过自我调整促进职业发展，那么首要的关注点应该是如何凭借自身优势和自信心应对自我挑战。

求解与决策

绿色/金色外向性格者具有以下优势：

- 迅速了解他人的价值观，不走弯路。
- 对他人提出的可行的想法持欢迎态度。
- 看清事物的本质，做出假设，跟着直觉一步步做决定。
- 总想迅速做出抉择，梳理出未来的发展趋势。
- 根据不同角色之间相互影响的方式权衡所有决策。

遭遇挑战时提高效率的策略

人与人之间的挑战会削弱生产力。以下是你可能会面临的重大挑战及相应的自我调整策略：

- 与无合作意识的队友一同工作。运用你识别事物本质的能力，评估他们的色商类型，根据以下建议处理和他们之间的关系，详见“政治觉悟”部分。

• 控制争强好斗、我为先的态度。为更和谐互助的工作环境树立榜样。至少在一开始，不要以为自己的付出与努力一定能得到回报。

• 处理有伤和气的争辩。提出双赢的解决办法或寻求原谅，直至事态得到控制。

• 与他人相处时间过长，把注意力从工作上转移到别处。远离工作——休息一段时间或度个假，或强制自己不与别人来往，直至重拾客观的处事风格。

• 收到指正性反馈时易动怒。训练自己保持客观的心态。专注于他人指正的内容，而非语气。可以尝试在零威胁的环境下，与朋友进行烦躁情景角色扮演。向金色性格者和蓝色性格者学习，面对同样的指正，他们会认为对方是中立的，对事不对人。

• 因为执着于次要细节而身陷长期矛盾。解决的办法说起来容易，做起来比较难——在长期矛盾恶化，影响到自身健康之前，远离长期矛盾。

• 批评并反对你认为违反了道德准则和规则的队友。你一定记住要在私底下批评他人！以中立的口吻阐述你的担忧，不要说教或把问题转变成私人问题。

• 急于结束。记住：平息冲突不同于翻篇向前看，没那么快。

最好的应对机制是休息、沉思，在短时间或长时间内关爱自己，委托他人做事，和朋友玩游戏，向他人寻求客观观点。

案例二：当你在职场穷途末路时

这天，杰森的儿子毕业。如今，杰森终于可以辞掉这份急诊室护工的工作。虽然作为一个绿色性格者，他喜欢护理这一行业，但是待在急诊室简直让他抓狂。

杰森在儿科工作了15年，4年前为了供儿子上学，他调到了薪水更高的急诊室工作。但他不是红色性格者，他无法承受医生时刻发生变化的要求和无尽的危机，压力太大了。急诊室不注重规章制度的遵守，因此杰森变得毛躁、吹毛求疵，甚至有点杞人忧天。

毕业晚会上，杰森碰巧坐在侄女丽莎旁边。她是公共卫生教育者，杰森对她工作中绿色性格者适合的部分很感兴趣，他愿意听丽莎讲述教育他人、帮助他人的故事。在丽莎的帮助下，杰森成功调至本县卫生部门与侄女做相同的工作。这里同事之间相互协助且没有紧急情况，这种工作环境让杰森重拾了工作的乐趣。

政治觉悟——会说话

色商系统很有价值的部分在于掌握各个颜色性格者的能力，如红色性格者本能的危机处理能力、金色性格者细致具体的思维和行政管理能力、蓝色性格者在保证自身利益前提下的战略思考能力。我们应该把令人恼怒的同事转变成自己强大的政治同盟。

红色性格者。“这项目的任务声明，我已经写了六遍了！”拥有绿色/金色性格的迪尔克抱怨他的红色性格同事安迪一直在挑一些不切实际的毛病，害得自己一遍遍重新做。

你的性格类型会激怒红色性格者，因为你总强调自己倾向的解决方法。红色性格者的优势是在项目中期进行集中修正，红色性格者喜欢在实际过程中观察项目的运行情况。你的大局观对于红色性格者来说不够现实，他会拿实际情况跟你据理力争。对于绿色/金色外向性格者来说，红色性格者即将失控时常常蔑视办事程序，认为事情比人重要。这很容易引发与绿色/金色外向性格者之间的长期矛盾。当红色性格者的优势成为你的烦恼，但出于和谐你又选择忽视这一烦恼时，你的怨恨会慢慢聚集变成消耗自我的冲突，红色性格者反而会因此获得激情与热情。

谈判策略

· 用以下词汇和红色性格者交流，观察他们的反应："刺激""享受""促进""现在"。

· 放下大局观。使用具体、事实性的词汇，讨论现在具体要做什么才能达到预期结果。

· 征求他们的意见。如果需要的话，红色性格者可以当即想出可行办法。

· 切忌过于关注细枝末节，让他们处理延期、模棱两可、未知改变等情况。

· 不为求得和谐而屈服。坚持自己的立场，最好采取一些简单幽默的方式。

· 试图挑战爱挑衅的红色性格的同事，对于所有提议都敢于说"不"，要勇于表达自己的关注点。

蓝色性格者。"我快被我那蓝色性格的同事阿曼达搞疯了，"绿色/金色性格的卡尔叹了一口气，"我负责监管她的项目进度，但她就是不肯跟我汇报情况，非要等到一切准备就绪才肯说。她这是在挑战我的工作。"

蓝色性格者是所有色商性格类型中最不关注人的性格类型。对绿色/金色外向性格者而言，蓝色性格者会将他们内心强大的力量全部倾注在制定策略上，而且这些策略常常忽视员工和顾客。你的性格类型的关注点不是整个策略，而是对人们带来的影响，这会惹怒蓝色性格者。和谐是蓝色性格者考虑手头任务时的次要关注点，他们认为这世上但凡存在和谐，那一定是解决了相应的挑战才获得的。蓝色性格者会以批评和质疑咄咄相逼。这种攻击迫使绿色/金色性格者必须沉着应对冲突。蓝色性格者会以你“没有能力”反抗他人或“没有能力”获胜为出发点来评价你的关注点是否有意义。如果你招架不住蓝色性格者的诸多问题，千万不要认为这是针对你的，也不要认为这是对你的威胁。其实，这是一种恭维，这是蓝色性格者对你的想法表达兴趣的方式。

谈判策略

- 用词简短、简洁。
- 使用“如果……那么……”句式，效果会很不错。
- 回答要坚定，有效：“我听到了，下面我来告诉你我的想法。”“从战略层面来说，我认为这个问题……”“如果你认为客户关系不重要，那么你认为应该怎样处理取消账单这种问题呢？”
- 调整措辞，使用理论、行话、数据和专业术语。用几个长期效益的例证来证明你的提议有价值。运用你的机智、聪明才智及逻辑推理能力。
- 不要表现得情绪化。蓝色性格者是十足的无感情批判思维。
- 展现你的能力。蓝色性格者迫使你内心强大、坚定信念。他们认为你的热心和激情会分散你的注意力，他们需要看到你的能力。

金色性格者。“为什么我和她之间总扯不清钱的问题？”拥有绿色/金色性格的约翰正在抱怨他的金色性格的同事帕迪西卡，她坚持要为项目拟定详细的预算，不肯列个粗略的预算了事。要知道，制定详细的预算意味着连续熬两天两夜。

你可以应对金色/绿色性格者，但是金色/蓝色性格者的情况就截然不同了。他们比你独裁，比你没耐心，认为你的做事风格太软弱。你的性格类型过于抽象，在解释目标的实现方式时缺乏具体论据及线性思考，金色性格者不喜欢这一点。绿色性格者喜欢倾听多方意见，在金色性格者眼里只有对和错两种情况。金色/蓝色性格者尤其看重事情本身，不在乎人的感觉，或许还会吹毛求疵，蛮横不讲理。他们的沟通方式不掺杂情感、措辞强硬、更具挑战性，极易造成对峙局面。如果一个金色/蓝色性格者挑战你，那么你只需要提出步骤明确的方案即可。在制定方案时，考虑清楚如何才能切实地帮到落实方案的人。

谈判策略

·为了缓解紧张局面，说话时多使用“事实”“传统”“受人尊敬”和“证明”这些词，避免使用隐喻和类比。

·使用具体词汇和具体概念进行交谈，这样你就可以和金色性格者、红色性格者畅所欲言。他们需要有凭有据的、实际的词语和任务。

·每天在低压环境下，花上几分钟进行自我指导，了解一些投资、成本、时间表和预算方面的词汇。

外向性格与内向性格

如果之前的建议都没有起太大作用，那么说明你面对的是内向性格者。在这种情况下，建议你：

·降低热情，多倾听对方的声音。或许你难以理解为什么内向性格者不喜欢交流，为什么他们更喜欢独自工作。其实，你只需要尊重他们的性格特征，不要挑战他们。他们需要足够的私密空间为自己充电。

· 请他们讲出自己的想法，但是在他们想清楚之前不要强迫他们讲。

· 不要在他们停顿时插嘴。

根据前面的描述，你了解了所有的同事吗？若想进一步了解所有的性格类型，可以阅读有关色商性格类型的全部章节，然后阅读第二十五章《适应其他工作环境类型》。

• • •

总之，有了绿色/金色外向性格者所具备的精力、热情和魅力，你会是一个具有超凡魅力和影响力的领导者。你坚韧、有责任心、坚持己见，通常可以机智地说服他人，你也会与心胸狭小之辈抗争到底。你认为自己的付出很光荣，希望别人可以像自己一样。你领导的团队注重团队协作，成员之间沟通自由，尊敬彼此；但是你依然需要其他性格类型的人帮你处理客观、细节的工作。当冲突出现时，你需要保持坚定的立场。现在就去实现愿望吧，记得不可以突破自己的最低标准。

第七章　绿色/金色内向性格

你不仅仅具有绿色性格，你的性格中也透露出强烈的金色性格特征，即第二性格。经测试，你的色商为内向型，这意味着你倾向的充电方式是独处而非与他人相处。绿色/金色内向性格者既热情又矜持。你会与最亲近的人热情地分享一切，在工作中你沉默寡言，信任的同事面前才会放得开。你洞悉身边的人，为双方创造双赢局面，帮助手下员工成长。你有良好的组织力，做事有始有终。

首要激励因素

作为内向性格者，你在开放式办公环境下和隐私不被重视的情况下工作效率较低。然而，你很喜欢了解他人，以至于经常缺乏足够的独处时间来为自己充电。

绿色/金色内向性格者占世界人口的4%。你尽职尽责、目标明确、努力工作、充满野心。你是理想主义者，内心具有强烈信念，会为自己的事业勇往直前，拼命到底。你做事果断，闲不下来，如果有人打断了你的计划，你会非常不耐烦。

企业文化——寻找最优匹配

寻找或者创造最优工作环境是所有性格类型人的职责。不同色商性格类型的最优文化氛围不同。一家公司的优势放到另一家公司或许会变成劣势。企业文化本身可能不会功能失调，比如，绿色性格者讨厌蓝色性格者喜欢的东西。冲突、削弱的优势、怨恨及挫败感都是文化匹配不成功的表现，倘若你了解自己的喜好，就可以避免这些问题。

绿色/金色内向性格者最喜欢的工作环境具有以下特点：

- 工作环境井然有序，同事与自己的价值观相吻合，沟通融洽。
- 工作氛围和谐、平等，同事值得信赖。
- 有一对一的互动。
- 关注与人相关的事。
- 企业文化愿意为员工的发展和社会福祉出一份力。
- 有独处空间，环境安静，能够独立工作。
- 可以同时负责多个项目。

如果你认为以上这些点显然与自己匹配，那说明你的测试结果正确。与蓝色/红色外向性格者的理想工作环境对比一下。

绿色/金色内向性格者最不喜欢的工作环境具有以下特点：

- 缺乏隐私。
- 较多细节工作、重复性工作。
- 不看重创造力。
- 员工肤浅或粗俗。
- 团队成员目光短浅，对很多事情不上心，做事缺乏耐心。
- 工作氛围紧张，充满竞争。
- 公司剥削员工和顾客。

经营管理现状，塑造个人形象

绿色/金色内向性格者是把梦想变成现实的大师。你能洞察他人，有效整合公司的人才等各种资源。

着眼于未来，忠于事业是你的领导风格。你有大局观，认为目标并非遥不可及。你不是那种乱下命令或者要求他人服从的人，你会在劝导他人的过程中潜移默化地影响他人，而不是霸道地控制他人；你所构建的合作关系能够激发手下员工发挥出最大的潜能。

绿色/金色内向性格者在塑造个人领导形象时应凭借内在的洞察力，寻找全新的机遇和无限的可能性。你机智、思维缜密、善于表达，在赏识与支持员工的过程中建立所需的系统或成立组织，你这种类型的人实属罕见。

案例一：绿色/金色内向型性格者中的成功人士

莫巴拉克·阿卜杜哈迪·阿尔多萨利博士，洛瓦德阿玛洛法教育咨询公司

在过去的25年里，阿尔多萨利博士一直是沙特阿拉伯地区就业指导、就业咨询领域的先驱。1998年，他建立了国内东部省份的第一家就业指导中心。他认为自己在指导和资讯领域的博士学位和自身性格类型很搭。

阿尔多萨利博士利用色商系统开展的研究表明，色商这一性格分类方法的应用范围跨越了文化的边界。他在沙特阿拉伯拥有一家色商执照公司——洛瓦德阿玛洛法教育咨询公司（the Rowad Almaarefa Educational Consoulting）。他说："我使用色商性格系统对来自阿拉伯海湾周边国家的 4 000 多名学生、老师、顾问进行色商评测。事实证明这就是大家想要的、需要的性格评估工具。”

阿尔多萨利博士是具有准确直觉的绿色/金色性格者，他是这样描述自己的职业优势的——想帮助他人，激励他人，看到他们取得成功。他说沙特阿拉伯还有很多学校没有开展就业指导。“我记得我问过一个十二年级的高中男孩，我问他你的梦想是什么。他回答说：‘没想过呢。’当时我感到特别沮丧，也特别震惊。这件事激励我在就业指导这一领域不断前进。”今天的他致力帮助学生找到正确的职业道路。

融入团队，打造优质高效团队

绿色/金色内向型性格者以“静态”的热情与势在必行的态度激励团队成员。你深谋远虑，有组织，有纪律，做事有始有终。团队领头人深知可以依靠你，因为你会把事情做到极致而非敷衍了事。你有洞察力，幽默风趣，足智多谋，可以消除同事间的矛盾，让有过节的同事不计前嫌重新开始正常地相处。

在实践过程中，你很专注，注重结果，避免资源的浪费。你可以顺利地处理复杂的交流过程。你很有时间观念，能在截止日期前完成任务，即便如此，你也会通过极具创造力的头脑风暴解决问题。

交流方式

你只需要调整措辞，顺应其他颜色类型的性格，就可以改变局面，带来极其积极的影响。“主观分析与客观分析”“理论与实践”“循规蹈矩与灵活处理”这三组矛盾是绝大多数职场冲突的根源。如果能够“转变风格”，就可以在磋商谈判、管理和面试过程中获得较强的竞争优势。

绿色/金色内向性格是高明的倾听者，可以敏锐地捕捉非语言线索。你举止优雅，有说服力，喜欢探讨想法、理论和模型。你的活力和激情通常是内在的。你喜欢用抽象概念、隐喻、想法类的词汇，强调价值观、关系、感受和友好这些词语。相反，红色性格者喜欢用“刺激”“享受”和“现在”这些词。蓝色性格者倾向于使用理论、行话、数据和专业术语。和你具有某些相同性格特征的金色性格者则常把“事实”“传统”“受人尊重”和“证明”等词语挂在嘴边。

绿色/金色性格者可以理解他人的观点，这是一项不同寻常的能力。你天生擅长转变风格。你喜欢深思熟虑之后再做答复，与交谈相比更倾向于用文字记录想法，因为你的思想太活跃了，你的语言表达力跟不上思维的速度。

盲区

绿色/金色内向性格者普遍存在这些盲区，尽管只有少数几点对你适用：

- 对批评过于敏感。
- 避免提出建设性批评。
- 把暂时的挫折当成无法克服的障碍，从而无法取得成功。
- 当内在信念遭受挑战时，容易跑偏。
- 关注冲突中与人相关的部分，把事实摆在次要位置。
- 即便没有成功的可能性，你也会坚持很久。
- 把过多的时间投入在别人身上，以至于没有足够的独处时间为自己充电。

• 与金色性格者和红色性格者交流的时候使用隐喻和类比，不用他们喜欢的具体、实际的词语。

引发疲劳和冲突的压力源

让绿色/金色内向性格者产生压力和疲劳感的工作环境包括：

• 非核心的程序和任务。

• 周围都是聒噪、迟钝的同事。

• 周围很多肚量狭小的苛刻同事。

• 不在掌控之内。

• 重复性工作较多。

• 最后关头频繁发生变动。

绿色/金色内向性格者在高压下容易变得缺乏合作精神、沉默寡言、爱挑毛病、厉声厉色。完美主义和专注细节的绿色/金色内向性格者很常见。凯瑟琳·阿特伍德是2011年仁人家园基金会（Habitat for Humanity）自行车与建造公司越野自行车之旅的负责人之一，她注意到另一个绿色/金色内向性格的负责人身上有这样的特质："他在某些事情上会特别专注，即便这件事情并不是当务之急或者说根本没其他事情重要。"值得一提的是，凯瑟琳是绿色/红色性格者，她熟知色商系统，能够根据色商系统评估同事的色商类型，帮助同事改变自己的专注点，顾全大局。疲劳的绿色/金色性格者或许会停止与他合作，隐藏某些信息，甚至变成冲动的决策者。闲暇时间，他们或许会暴饮暴食或过度锻炼。

自我指导，探寻高效工作关系

若绿色/金色内向性格者试图通过自我调整促进职业发展，那么首要的关注点应该是如何凭借自身优势和自信心应对自我挑战，而非逃避。

求解与决策

绿色/金色内向性格者具有以下优势：

- 善于描绘蓝图。
- 相信直觉和洞察力。
- 觉得改变是令人兴奋的，但更倾向于事情发生前有所警告。
- 喜欢用新的方法解决问题，可以迅速掌握事态的多种可能性。
- 着眼现在和未来，特别是与人相关时。
- 喜欢处理并负责事务。

遭遇挑战时提高效率的策略

人与人之间的挑战会削弱生产力。以下是你可能会面临的重大挑战及相应的调整策略。

- 缺乏私密。隐私权至关重要，你无法在嘈杂、开放的环境里高效工作。在工作谈判时，要高度重视这一点。如果职位太低无法享受独立办公室的待遇，那么跟老板反馈你的需求，看看是否可以偶尔在空闲的会议室里工作，这样你就有机会为自己充电了。
- 重复性工作较多。你需要把工作下发出去！或者重新就工作内容进行协商。否则，这种情况会恶化，最终影响到你的健康。

• 最后关头频繁发生变动。你可以主动要求负责下一个项目，为同事树立做事专注、有始有终的好榜样。或者，你应该关注这些改变是如何影响人们的，把细节工作交给别人做。

• 同情犯错的人。同情心无法帮你完成工作。你应该在个人问题和最后期限之间寻找平衡点；坚决不让任何一方高于另一方。

• 不喜欢给予建设性批评。批评总给人一种事与愿违的感觉，但以友好的口吻传达这种信息未尝不是好的办法。你最大的贡献是欣赏他人和激励他人。

• 忽视冲突。你优先考虑和谐，但是忽视冲突并不代表冲突可以不攻自破。在冲突刚发生且处于可控期时，疏通矛盾——习惯这种做法，在处理的过程中掌握重要的谈判策略。

应对挑战时，最好的方法是学会对他人的要求说不，争取深思熟虑的时间，把细节工作委托给他人，全身心投入到“事业”中，把自己放在首要位置。你要知道别人不会主动了解你的付出。所以，不要总是孤军奋战，偶尔向他人寻求帮助。每天都回顾一下自己做了什么——你正在改变这个世界，但是或许你也需要时常提醒一下自己。

案例二：当你在职场穷途末路时

麦克森家族五代从业于金融领域。米尔德里德和弗兰克感到非常欣慰，因为儿子约翰刚一走出学校就选择了同样的职业生涯道路，成为一名股票经纪人。

约翰在纽约工作的第一个星期混混沌沌，每天就是会面、培训，最大的感受就是交易大厅的各种躁动。每晚睡觉前，他都会给家人发邮件汇报工作进展，作为内向性格者，他非常渴望这份宁静，不愿被打扰。

新的股票经纪人每天得打十几通推销电话，眼睛还得盯着计算机屏幕随时跟踪市场动向。约翰在这种喧闹的环境下根本无法思考分析信息。他的主管劝他到空闲的会议室里工作，别在开放的办公室工作了。

约翰决定向叔叔比尔吐露心声，比尔在几个街区之外的一家大银行工作。午餐时，比尔了解到侄子需要的是可以施展他绿色性格者突出的影响力的职位，股票经理人这种嘈杂的工作环境根本不适合他。银行的财富管理部门开放了一个职位，在比尔的引荐下，约翰顺利入职。继续对接上一位的客户，拥有独立办公室，只需打少量推销电话——这正是约翰需要的。

如今，约翰对每天的生活都充满了期待，他会深度钻研高净值客户的一切，如家族事务和家庭难题。身为绿色性格者，帮助他人可以给自己带来极高的成就感；约翰正一步步迈向部门首席制作人的职位。

政治觉悟——会说话

色商系统很有价值的部分在于掌握各个颜色性格者的能力，如红色性格者本能的危机处理能力、金色性格者细致具体的思维和行政管理能力、蓝色性格者在保证自身利益前提下的战略思考能力。我们应该把令人恼怒的同事转变成自己强大的政治同盟。

红色性格者。你的性格类型会激怒红色性格者，因为你总是强调大局观。红色性格者的优势是处理眼前的事情，他们喜欢在实际过程中观察事务的运行情况。你的大局观对于红色性格者来说不够现实，他会拿实际情况跟你据理力争。对于绿色/金色内向性格者来说，红色性格者一直处于即将失控的混乱状态——常常蔑视办事程序，认为事比人重要。这很容易引发与绿色/金色内向性格者之间的长期矛盾。当红色性格者的优势成为你的烦恼，但出于和谐你又选择忽视这一烦恼时，你的怨恨会慢慢聚集形成消耗自我的冲突，红色性格者反而会因此获得激情与热情。

谈判策略

· 用以下词汇和红色性格者交流，观察他们的反应："刺激""享受""促进""现在"。

· 放下大局观。使用具体、事实性的词汇，讨论现在具体要做什么才能达到预期结果。

· 征求他们的意见。如果需要的话，红色性格者可以当即想出可行办法，找到包括目标选项在内的所有可能结果。

· 切忌过于关注细枝末节，让他们处理延期、模棱两可、未知改变等情况。

· 想象自己是在挑战爱挑衅的红色性格的同事，对于所有提议都敢于说"不"。因此看来，绿色/金色内向性格者要坚持自己的观点，勇于表达自己的关注点，最好采取一些简单幽默的方式。

蓝色性格者。蓝色性格者是所有色商性格类型中最不关注人的性格类型。对绿色/金色内向性格者而言，蓝色性格者会将他们内心强大的力量全部倾注在制定策略上，而且这些策略常常忽视员工和顾客。你的性格类型的关注点不是整个策略，而是会给人们带来怎样的影响，这会惹怒蓝色性格者。和谐是蓝色性格者考虑手头任务时的次要关注点，他们认为这世上但凡存在和谐，那一定是解决了相应的挑战才获得的。蓝色性格者会以批评和质疑咄咄相逼。这种攻击迫使绿色/金色性格者沉着应对冲突。蓝色性格者会以你“没有能力”反抗他人或“没有能力”获胜为出发点来评价你的关注点是否有意义。如果你招架不住蓝色性格者的诸多问题，千万不要认为这是针对你的，也不要认为这是对你的威胁。其实，这是一种恭维，这是蓝色性格者对你的想法表达兴趣的方式。

谈判策略

· 用词简短、简洁。

· 使用“如果……那么……”句式，效果会很不错。

· 回答要坚定、有效：“我听到了，下面我来告诉你我的想法。”“从战略层面来说，我认为这个问题……”“如果你认为客户关系不重要，那么你认为怎样处理取消账单这种问题呢？”

· 调整措辞，使用理论、行话、数据和专业术语。用几个长期效益的例证来证明你的提议有价值。运用你的机智、聪明才智及逻辑推理能力。

· 不要表现得情绪化。蓝色性格者是十足的无感情批判思维。

金色性格者。你可以应对金色/绿色性格者，但是金色/蓝色性格者的情况就截然不同了。他们比你独裁，比你没耐心，认为你的做事风格太软弱。你的性格类型过于抽象，在解释目标的实现方式时缺乏具体论据及线性思考，金色性格者不喜欢这一点。绿色性格者喜欢倾听多方意见，在金色性格者眼里只有对和错两种情况。金色/蓝色性格者尤其看重事情本身，不在乎人的感觉，或许还会吹毛求疵，蛮横不讲理。他们的沟通方式不掺杂情感、措辞强硬、更具挑战性，极易造成对峙局面。如果一个金色/蓝色性格者挑战你，那么你只需要提出步骤明确的方案即可。在制定方案时，考虑清楚如何才能切实地帮到落实方案的人。

谈判策略

· 为了缓解紧张局面，说话时多使用“事实”“传统”“受人尊敬”和“证明”这些词，避免使用隐喻和类比。

· 使用具体词汇和具体概念进行交谈，这样你就可以和金色性格者、红色性格者畅所欲言。他们需要有凭有据的、实际的词语和任务。

· 每天在低压环境下，花上几分钟进行自我指导，了解一些投资、成本、时间表和预算方面的词汇。

· 认可并且称赞他们高超的细节管理能力，尤其当你的一些细节工作由他们负责时。

外向性格与内向性格

如果之前的建议都没有起太大作用，那么说明你面对的是外向性格者。在这种情况下：

· 你或许难以理解为什么他们时时刻刻都需要有人围在身边，他们是怎么做到享受这种喧闹氛围的。你只需要尊重他们，切忌做出调整，因为他们的充电方式是与他人交流——正如你需要独处的时光一样，他们需要这种交流。

· 建议你做个合格的倾听者，但是你必须经常性地插话。多问问题，多分享自己的故事。

· 主动帮他们处理一些需要独自完成的工作。得到他们的感谢后，你也会有所收获，独处的时间也可以让你获益。

根据前面的描述，你了解了所有的同事吗？若想进一步了解所有性格类型，可以阅读有关色商性格类型的全部章节，然后阅读第二十五章《适应其他工作环境类型》。

• • •

总之，绿色/金色内向性格者是深奥、复杂的，你专注于美好的愿景和想法的内心世界。你口齿伶俐、善解人意，是理想主义者，你享受为他人服务的过程。一旦你定下一个目标，就不允许任何人前来争辩，包括有根有据的争辩。然而，记得让其他性格者为你处理相关细节工作。

你有理解复杂问题及简化复杂问题的天赋。你会深入倾听他人，帮助他们找到解决问题的新方法。虽然维护和谐的团队也是重中之重，但是你也需要在冲突开始出现时，保持坚定的立场。实现愿望与设置相同的最低标准同等重要。请记住，对你来说，最重要的是安排足够的私人空间。

第八章　绿色/红色外向性格

你不仅仅具有绿色性格，你的性格中也透露出强烈的红色性格特征，即第二性格。经测试，你的色商为外向型，这意味着你为自己充电时喜欢与他人相处而非独处。绿色/红色外向性格者是热情的观察者，新的想法让你充满能量。你的灵魂自由奔放，为不同寻常之事而触动，这种性格不会因循守旧，懂得欣赏不墨守成规的人。你拒绝常规，与官僚主义高调开战，喜欢做一些突出独创性的调整。你比大多数人易受新目标、新职业生涯的吸引，你的热情、洞察力与人际交往能力为你打开大门。你天生具有洞察未来发展趋势的能力，这种能力将助力你实现远大抱负。

首要激励因素

因为性格外向，太长时间独自工作会让你感到不安。在职业生涯初期，你可能会经常在大厅闲晃不待在自己的工位并为此备受指责。

最能激励绿色/红色外向性格者的要素有：大局观、以人为本。你相信团结就是力量；你关爱他人，也深受大家的喜爱，这些都将促进你的职业生涯发展。绿色/红色外向性格者占世界人口的4%，如果没有你们的存在，这世界会变得极其无趣。

企业文化——寻找最优匹配

寻找或者创造最优工作环境是所有性格类型人的责任。不同色商性格类型的最优文化氛围不同。一家公司的优势放到另一家公司或许会变成劣势。企业文化本身可能不会功能失调，比如，绿色性格者讨厌蓝色性格者喜欢的东西。冲突、削弱的优势、怨恨及挫败感都是文化匹配不成功的表现，倘若你了解自己的喜好，就可以避免这些问题。

绿色/红色外向性格者最喜欢的工作环境具有以下特点：

- 自由地表达自己的创造力、幽默感与丰富多彩的工作方式。
- 多样化，充满变化，规则和限制少。
- 同事与领导乐于倾听你的想法。
- 从事与人们相关的项目。
- 重视员工与客户的价值。
- 民主、充满活力的氛围。

如果你认为以上这些点显然与自己匹配，那说明你的测试结果正确。与蓝色/金色内向性格者的理想工作环境对比一下。

绿色/红色外向性格者最不喜欢的工作环境具有以下特点：

- 缺乏创造性，充满官僚主义。
- 社交少，有被忽视的感觉。
- 条条框框较多，关注细枝末节，重复性工作较多。
- 有被操控的感觉，同事之间勾心斗角。

经营管理现状，塑造个人形象

绿色/红色外向型性格者善于处理多个项目管理团队——如果有必要，他们还可以同时处理多件事情！拥有这种能力，你会发现别人看不到的事物之间的联系。新的想法和新兴行业可以为你注入新的活力，你喜欢用自己的方式或者独特的方式运用自己的技能。

绿色/红色外向型性格者在塑造个人领导形象时应该利用好自己与生俱来的能力，如预见未来的趋势及隐患的能力。你非常清楚如何激励他人，帮助他人。

作为领导者，你很喜欢涉猎新的领域，这一领导风格难能可贵，尤其是在项目或者公司起步期间。你有大局观，而且坚信蓝图可以实现。你会打破常规去思考，明白20年的老员工和新员工都能想出赚钱的好主意。你不会控制员工，你只会说服他们，所以你的想法很容易被接受，产品很快可以投入市场。你不费吹灰之力就可以建立广阔的人际关系网。

案例一：绿色/红色外向型性格者中的成功人士

卡罗琳·马洛尼，国会议员

卡罗琳·马洛尼清楚若想获得领导力及取得成功通常需要先充分了解事态，将一切掌控后，再组建合适的团队。作为国会议员，她代表美国纽约十二区，任期长达九届。她是联合经济委员会（the Joint Economic Committee）的第一位女主席，领导美国经济政策、财政服务、国土安全、妇女问题等领域的工人。她推动了具有里程碑意义的信用卡改革法案，据皮尤基金会（the Pew Foundation）的统计数据显示，这一法案每年为消费者节省100亿美元。

马洛尼曾说过："我成功地通过了很多重要的法案，人们之前认为我不可能克服特殊利益集团的反对。"我们可以从中看出，身为绿色/红色性格者她十分擅长推进事务的发展，具备超强的说服力。仅在一次会议上，她就能推出70多个法令法规，创单个立法者最高法案纪录。

通过不懈努力，她确保"9·11"事件的英雄们获得急需的医疗保障，赢得了世界各地的喝彩与赞赏。"如果你真的相信并且了解目标的重要性，"马洛尼说，"那就一定能行。如果一个致力于正义事业的团结民族具备不可撼动的决心，那么就没有任何障碍可以抵挡它。"她很自豪自己曾参与起草《反恐情报改革法案》(Anti—Terrorism Intelligence Reform Act)，这一法案重组了美国情报系统的构架。

尽管她是一名国家领导人，但她深切关怀选民，一直心系当地事务。马洛尼近日阻止了关闭曼哈顿第二十三街的退伍军人医院。"有时，你做什么不重要，重要的是你阻止了什么。"她在维持邮局营业及资助学校等方面做出很多努力，这绝对都是绿色性格者会做的事。

当然，她也是一名争强好胜的红色性格者，她的对手都知道她很厉害，不好对付。她坚定地支持着妇女权益；是《平等权利修正案》(the Equal Rights Amendment)的首席赞助商；撰写了《黛比·史密斯法案》(Debbie Smith Act)，这一法案为性侵犯案件中DNA证据的处理提供资助。她坚决反对右翼对手。达雷尔·伊萨(Darrell Issa)领导的宗教自由、计划生育小组里没有女性，马洛尼当即质问："女性的声音在哪里？"她的声音通过媒体响彻全美。

她对冲突的反应也是典型的绿色/红色外向性格者的表现："我把问题分解开来，一步步解决。很多时候我教育民众，倾听八方意见，寻找进一步解决问题的方法。这种方式很有效。”

融入团队，打造优质高效团队

绿色/红色外向性格者热情、具有洞察力、充满激情、有一种“我能行”的干劲，无时无刻不在激发着队友。冲突也是提供信息的一种途径，你们能够以幽默的方式化解冲突，在同事间迅速建立起和睦的关系。你与他人合作融洽。

你会用心倾听所有的声音和所有的事，以一种独特的方式把这些联系起来，你通常是第一个提供创新型解决方案的人。你拥有超强大的人际关系，为很多事提供了必要的支持与保障。

交流方式

你只需要调整措辞，顺应其他颜色类型的性格，就可以改变局面，带来极其积极的影响。“主观分析与客观分析”“理论与实践”“循规蹈矩与灵活处理”这三组矛盾是绝大多数职场冲突的根源。如果能够“转变风格”，你就可以在磋商谈判、管理和面试过程中获得较大的竞争优势。

绿色/红色外向性格者天生善于书面沟通和言语沟通，通常会成为作家和演讲家。你喜欢当面交流，不喜欢写信或发短信。你更倾向于使用抽象概念、隐喻和类比，常强调“价值观”“人际关系”“感受”和“友好”这些词语。与你某些性格特征相同的红色性格者喜欢用“刺激”和“兴致”这些词语。然而，蓝色性格者倾向于使用理论、行话、数据和专业术语。金色性格者则常把“事实”“传统”“受人尊重”和“证明”等词语挂在嘴边。

绿色/红色性格者话多，讲话生动。对你而言转变风格意味着把语调放低，收敛些，避免意识流似的表达形式，尽量说话有逻辑。如果有必要，用一些具体的措辞和想法替代你一贯的兴奋、丰富生动的意象，少讲自己的故事。

盲区

绿色/红色外向性格者普遍存在这些盲区，其中一些可能对你也适用：

- 同时开始太多项目，失去兴趣或者跑偏。
- 忽视重要的细节、事实，不注重实用性与分析。
- 低估物流（需要时间）的重要性。
- 需要做决定的时候，反而考虑太久，迟迟不肯做出决定。
- 被批评后会往心里去。
- 使用隐喻和类比，替代实用和表示顺序的词语。如果“讲真话”，你和金色性格者之间的合作融洽度会急速提升。
- 没有留出思考和验证想法的时间。

引发疲劳和冲突的压力源

让绿色/红色外向性格者产生压力和疲劳感的工作环境包括：

- 有被操控的感觉。
- 受条条框框限制，感觉局促。
- 缺乏交际圈，特别是在困难时期。
- 被“圈子”孤立。

- 怨恨那些无视你价值的人。
- 如果做决定时没有做好准备，会有很大的压力。

绿色/红色外向性格者在高压下容易分心、反抗甚至八卦。或许你会煽动起一些事，制造麻烦或为健康而苦恼。疲惫的绿色/红色外向性格者会不可抑制地关注细枝末节而忽略了主要部分或者突然做出不合逻辑的改变。

自我指导，探寻高效的工作关系

若绿色/红色外向性格者试图通过自我调整促进职业发展，那么首要的关注点应该是如何利用优势和信心迎接自我挑战。

求解与决策

绿色/红色外向性格者有以下优势：

- 思考很多种可能性，跟着直觉走。
- 把与人相关的事排在首位。
- 倾听每个人的想法，接受其中重要的想法。
- 专注一致观点，以幽默风趣的方式化解冲突。
- 临时拼凑，有自信在紧急关头可以获得帮助。
- 认真、透彻地分析多重选择。

遭遇挑战时提高效率的策略

人与人之间的挑战会削弱生产力。以下是你可能会面临的重大挑战及相应的调整策略：

·对于有谴责之意及挑战内在价值观的批评以平常心对待，然后询问批评者是否尊重你的信仰。在大多数情况下，他们尊重你的信仰！

·倾向于忽略冲突。你总是选择性地优先看到环境中和谐的一面，但是忽略了会将之毁于一旦的冲突。强迫自己把冲突扼杀在萌发初期或可控期。这样一来，你会更加强大，能获得很有利的谈判策略。

·反对条条框框和官僚体制。你坚信头脑风暴可以解决问题。当别出心裁的解决方案不得以屈服于结构之下时，你会恼火。你要在规章制度内工作，发展一些可以帮你完成目标的同盟。

·独自工作是没有必要的。把任务委托给性格内向的人，他们会感激你给他们独处的时间！

·犯事实性错误。其他色商性格类型需要事实来减轻焦虑感。直觉带领你走向正确的方向，事实反而会让你误入歧途。凭直觉开始，然后基于事实决策。

·当刺激的新项目出现时，你会把未完成的项目丢在一边。把新项目依次排列进行，利用你对新项目的期待促使自己完成旧项目。

应对挑战的时候，每天设定并且坚持处理完需要优先处理的事，你喜欢“即兴发挥”，所以把组织的时间和“即兴发挥”的时间都排进日程、陈述和会议里。对于批评性意见，你应具有学习的态度，而不应反应过激。要知道其他色商性格类型的人比你看重最后期限，他们会操控你，甚至给你压力让你在最后期限前完成任务。重视最后期限，这样才能提高你的信誉度并且不被“圈子”孤立。

案例二：当你在职场穷途末路时

网页设计师马克斯·奥美在自言自语，把家人吓坏了。经济危机爆发之前，马克斯是一名成功的配音演员，现在他已经欣然接受了这份较为轻松的工作，并且把它当作步入稳定工作领域的过渡。

马克斯凭借他的广告知识、市场营销知识和绿色性格者对人类欲望的了解，为本土驰名企业创建了几个备受欢迎的网站。他喜欢与企业老板来往，由于性格中具有红色部分，他热爱技术，帮助企业把愿景转化成了现实的财富。

马克斯不在乎自己必须在家里独自工作多少小时，只有当家人回来且他想放松时，他外向性格的那一面才会被释放出来。

马克斯迫切地需要和别人一起工作。为了与朋友保持联系，他为配音演员同行设计了一个网站，供他们上传电子版的简历和工作的音频采样。这个网站为配音演员和他们的作品成功地搭建了连接彼此的平台，获得了极大的成功，马克斯也为此成立了工作室。这下身边既有同事，也有为新人准备的录音室了。

政治觉悟——会说话

色商系统很有价值的部分在于掌握各个颜色性格者的能力，如红色性格者本能的危机处理能力，金色性格者细致具体的思维和行政管理能力，蓝色性格者在保证自身利益前提下的战略思考能力。我们应该把令人恼怒的同事转变成自己强大的政治同盟。

红色性格者。慈善家穆里尔（绿色/红色外向性格者）说：“我正想和委员会成员萨姆（红色性格者）开个会交流一下想法，我希望我们的募捐者可以提高对全世界饥饿问题的关注。他现在很兴奋，因为他拿到了一个菲列牛排的单子！这事情不太对啊！”

你的性格类型会激怒红色性格者，因为他们注重以人为本的全球范围的大局观。红色性格者的优势是处理当前的事情，他们喜欢在实际过程中观察运行情况。你的大局观对于红色性格者来说不够现实，他会拿实际情况跟你据理力争。对于绿色/红色外向性格者来说，红色性格者处于即将失控的混乱状态——常常蔑视办事程序，认为事情比人重要。这很容易引发与绿色/红色外向性格者之间的长期矛盾。当红色性格者的优势成为你的烦恼，但出于和谐你又选择忽视这一烦恼时，你的怨恨会慢慢聚集形成消耗自我的冲突，红色性格者反而会因此获得激情与热情。

谈判策略

· 用以下词汇和红色性格者交流，观察他们的反应：“刺激”“享受”“促进”“现在”。

· 放下大局观。使用具体、事实性的词汇，讨论现在具体要做什么才能达到预期结果。

· 征求他们的意见。如果需要的话，红色性格者可以当即想出可行办法。

· 切忌过于关注细枝末节，让他们处理延期、模棱两可、未知改变等情况。

· 不要为求和谐而屈服，坚持自己的立场，最好采取一些简单幽默的方式。

· 想象自己是在挑战爱挑衅的红色性格的同事，对于所有提议都敢于说“不”，要勇于表达自己的关注点。

蓝色性格者。“我们已经丢了两个客户了。我觉得我们需要培训销售的客户维系技巧；但是他觉得应该把这些表现不好的人裁掉，招聘些新鲜面孔。他根本不知道这么做会对这个部门和现有的客户带来多大的损害。”销售经理考特尼（绿色/红色外向性格者）与负责运营的副总裁阿德里安（蓝色性格者）相持不下。

蓝色性格者是所有色商性格类型中最不关注人的性格类型。对绿色/红色外向性格者而言，蓝色性格者会将他们的所有精力倾注在策略的制定上，而且这些策略常常忽视员工和顾客。你的性格类型关注的不是整个策略，而是会对人们造成怎样的影响，这会惹怒蓝色性格者。他们认为这世上但凡存在和谐，那一定是解决了相应的挑战才获得的。他们认为这世上不存在没有经受过挑战的和谐。蓝色性格者会以批评和质疑咄咄相逼。这种攻击迫使绿色/红色外向性格者沉着应对冲突。蓝色性格者会以你“没有能力”反抗他人或“没有能力”获胜为出发点来评价你的关注点是否有意义。如果你招架不住蓝色性格者的诸多问题，千万不要认为这是针对你的，也不要认为这是对你的威胁。其实，这是一种恭维，这是蓝色性格者对你的想法表达兴趣的方式。

谈判策略

· 用词简短、简洁。

· 使用“如果……那么……”句式，效果会很不错。

· 回答要坚定、有效：“我听到了，下面我来告诉你我的想法。”“从战略层面来说，我认为这个问题……”“如果你认为客户关系不重要，那么你认为应该怎样处理取消账单这种问题呢?”

· 调整措辞，使用理论、行话、数据和专业术语。用几个长期效益的例证来证明你的提议有价值。运用你的机智、聪明才智及逻辑推理能力。

·展现你的能力。蓝色性格者迫使你内心强大、坚定。他们认为你的热心和激情会分散注意力，他们需要看到你的能力。

·不要表现得情绪化。蓝色性格者是十足的无感情批判思维。

金色性格者。“当我描述人们会如何反应的时候，他打断我，然后告诉我我跑偏了。我是想让他考虑事情的方方面面，周全些。”副总裁助理威尔（绿色/红色性格者）对老板（金色/蓝色性格者）感到沮丧。

你可以应对金色/绿色性格者，但是金色/蓝色性格者的情况就截然不同了。他们比你独裁，比你没耐心，认为你的做事风格太软弱。你的性格类型过于抽象，在解释目标的实现方式时缺乏具体论据及线性思考，金色性格者不喜欢这一点。绿色性格者喜欢倾听多方意见，在金色性格者眼里只有对和错两种情况。

绿色/红色外向型性格的苏珊·M. 和他金色/蓝色性格的会计同事经历过这样的困境：“我有一个健康福利发票需要立即支付，付给远在美国的波兰员工，如果这个发票不及时给到他，他就无法报销费用了。我的会计同事不喜欢我突然出现，着急忙慌地要他处理报销的事情。他拒绝了我，理由是已经到月底了，他们没有时间处理这张发票，这是违反常规的。我解释说，如果这里办不了的话，远在美国的波兰同事就无法报销了，听完我的解释他处理了这个支票。从那时起，我们俩关系就好起来了，我经常去找他。”

谈判策略

·为了缓解紧张局面，说话时多使用“事实”“传统”“受人尊敬”和“证明”这些词，避免使用隐喻和类比。

·使用具体词汇和具体概念进行交谈，这样你就可以和金色性格者、红色性格者畅所欲言。他们需要有凭有据的、实际的词语和任务。

• 每天在低压环境下，花上几分钟进行自我指导，了解一些投资、成本、时间表和预算方面的词汇。

• 认可并且赞扬他们高超的细节处理能力，尤其当你的一些细节工作由他们负责时。

外向性格与内向性格

如果之前的建议都没有起太大作用，那么说明你面对的是内向性格者。在这种情况下：

• 或许你难以理解为什么内向性格者不喜欢交流，为什么他们更喜欢独自工作。其实，这不是个人问题，你只需要尊重他们的性格特征，不挑战他们。他们需要足够的私密空间为自己充电。

• 建议你降低自己的热情，多倾听。

• 建议你请他们讲出自己的想法，但是在他们想清楚之前不要强迫他们讲。别在他们停顿时插嘴。

根据前面的描述，你了解了所有的同事吗？若想进一步了解所有性格类型，可以阅读有关色商性格类型的全部章节，然后阅读第二十五章《适应其他工作环境类型》。

• • •

总之，绿色/红色外向性格者开放，具有想象力，充满热情，乐于探寻新的机会。你们在很多方面有天赋，通常会有多个截然不同的职业，在努力工作的情况下也可以发挥创造力。你们拥有独特的个人魅力，是心灵手巧之人，但是常规工作和严格要求遵循规则的工作不太适合你们。专注事实和细节会给绿色/红色外向性格者带来巨大的压力，你们通常兴趣广泛，做事三分钟热度。总的来说，你的主要贡献是激励他人采取你爽朗的工作、生活方式。维持和谐的团队精神是首要任务，你需要在冲突产生初期就坚决地将其扼杀掉。现在就去实现愿望吧，记得不要突破自己的最低标准，这一点十分重要。

第九章　绿色/红色内向性格

你不仅仅具有绿色性格，你的性格中也透露出强烈的红色性格特征，即第二性格。经测试，你的色商为内向型，这意味着你倾向的充电方式是独处而非与他人相处。个人理想是绿色/红色内向性格者的动力。你把内在价值观摆在首位，金钱、名誉、权利、成功通通排在其后。在商业领域，你的奋斗目标是为他人谋福利。

首要激励因素

作为内向性格者，倘若你处在开放式办公环境，或者隐私不被重视，你的工作效率会比较低。然而，你也很喜欢与他人交流，所以你可能会损失一些独处的时间。

注重独特与创新的工作环境可以激发绿色/红色内向性格者的工作动力。对他们来说，最理想的工作模式是一对一或小团队，团队成员善解人意且相互协作。虽然绿色/红色内向性格者仅占世界人口的4%，但整个人类都会因你们的默默付出而受益。

企业文化——寻找最优匹配

寻找或者创造最优工作环境是所有性格类型人的职责。不同色商性格类型的最优文化氛围不同。一家公司的优势放到另一家公司或许会变成劣势。企业文化本身可能不会功能失调，比如，绿色性格者讨厌蓝色性格者喜欢的东西。冲突、削弱的优势、怨恨及挫败感都是文化匹配不成功的表现，倘若你了解自己的喜好，就可以避免这些问题。

绿色/红色内向性格者最喜欢的工作环境具有以下特点：

- 同事之间和睦相处，工作氛围民主。
- 以人为本。
- 注重创造力。
- 规则和限制较少。
- 领导和同事乐于倾听你的想法。
- 重视员工与客户的价值。

如果你认为以上这些点显然与自己匹配，那说明你的测试结果正确。与蓝色/金色外向性格者的理想工作环境对比一下。

绿色/红色内向性格者最不喜欢的工作环境具有以下特点：

- 有过多当众演讲和社交的场合。
- 官僚主义及争权夺势的作风盛行。
- 条条框框多，关注细枝末节，重复性工作较多。
- 紧迫的最后期限和强势的领导带来诸多压力。
- 遵守规矩，忽视创造力，多采取头脑风暴的方式解决问题。

经营管理现状，塑造个人形象

绿色/红色内向性格者可以同时处理多个项目，管理庞大的团队。

你是事业或项目起步期的活跃分子，为团队指明方向，领导团队坚定不移地发展。有你在，即便是再宏大的目标也可以实现。你知道有价值的想法总有不同寻常的源头，你可以察觉到他人难以发现的关联。你会劝导他人而不是控制他人，这是你赢得他人认可并且提高业绩的方式。

绿色/红色内向性格者在塑造个人领导形象时，应着重表现协调团队达成统一意见的管理能力，及让充满矛盾的团队和组织回归正轨。

你善于激励他人。出于对你的信任，他们会出色地完成任务。你具有强烈的个人价值观，潜移默化地影响着他人。然而，你在完成某一目标时会很固执，在任何关键时刻都会尽力而为。你可以保持客户或手下的高忠诚度，在艰难时期可以保证基本的营业额并保住现有的客户资源。凯瑟琳·阿特伍德自 2008 年就在使用色商系统。她在 2011 年“自行车与建造公司越野自行车之旅”项目中使用色商系统测试了 34 名为住房机构（如仁人家园基金会等实力雄厚的机构）效力的赛车手。“当我接触一类人的时候，总感觉与他们之间存在某种障碍，色商系统这一工具可以在这种情况下帮助我消除障碍。我觉得很不错。”

案例一：绿色/红色内向型性格者中的成功人士

凯瑟琳·迈尔斯，迈尔斯—布里格斯性格类型量表版权合伙人

迈尔斯—布里格斯性格类型量表是一个性格分析系统，它启发了色商系统的诞生。凯瑟琳·迈尔斯是心理类型应用中心公司（the Center for the Application of Psychological Type，Inc.，CAPT）的创始董事之一，心理类型应用中心公司是迈尔斯—布里格斯性格类型量表的研究实验室和资源中心。凯瑟琳·迈尔斯也是心理类型国际协会的首届会长，心理类型国际协会是迈尔斯—布里格斯性格类型量表的重要成员组织。

首次接触迈尔斯—布里格斯性格类型量表时，凯瑟琳还是一名高二的学生。当时创始人伊莎贝尔·迈尔斯测试了整个年级的学生，她的儿子皮特也在内。那时，凯瑟琳备受启发："我了解到我更偏向内向性格，而且我觉得这种性格挺好的。这种解释让我觉得很轻松，在任何情况下都觉得很放松……"凯瑟琳在瓦萨念大学时，伊莎贝尔继续在世界各地传授着迈尔斯—布里格斯性格类型量表这一理论。1973年，凯瑟琳嫁给伊莎贝尔的儿子彼得。

从那时起，凯瑟琳就与迈尔斯—布里格斯性格类型量表有了不解之缘。"我激励并鼓励人们发展自己的职业生涯，我们的文化过于注重告诉人们犯了什么错，但我更想告诉人们什么是正确的。"

凯瑟琳说自己是典型的绿色/红色内向性格："我一旦开始做一件事，就会继续做下去。我会从大局出发，阐述那些备受争议的想法。"

她对自己坚信的事情充满激情和热情，这是她成功的关键所在。"我一直想让这个世界变得更加美好，"她致力于解决人与人之间的冲突，"当我看到不公平或不诚实的现象时，我就想，要为后代打造一个有序的、道德的社会。"

凯瑟琳说："马丁·路德·金发表《我有一个梦想》的演讲时，我在现场，除此以外，最令我骄傲的就是我继承了伊莎贝尔·迈尔斯的工作。"

融入团队，打造优质高效团队

绿色/红色内向型性格者会努力完成重要的任务。和谐团队是团队高效工作的必要条件。你常常认真倾听他人的想法，能够了解谈话的真正内容，然后努力达成一致意见。你甘为自己的团队奉献，有耐心处理复杂事情和冲突的价值观。

你是出色的联络人，能提供创新的解决方案。因为身边的人对你很忠诚，你在紧急关头总能得到帮助，如凯瑟琳·阿特伍德与自己的自行车与建造公司团队，最终，你会与共事的所有人达成共识。“我会把所有人、所有朋友的方方面面考虑进来。”

交流方式

你只需要调整措辞，顺应其他颜色类型的性格，就可以改变局面，带来极其积极的影响。“主观分析与客观分析”“理论与实践”“循规蹈矩与灵活处理”这三组矛盾是绝大多数职场冲突的根源。如果能够“转变风格”，你就可以在磋商谈判、管理和面试过程中获得较强的竞争优势。

绿色/红色内向性格是天生的交流者、作家和视觉艺术家。在交谈前，你需要足够的时间思考，你讨厌闲聊和对峙的状态。你更倾向于使用抽象概念、隐喻和类比，常强调“价值观”“人际关系”“感受”和“友好”这些词语。与你某些性格特征相同的红色性格者喜欢用“刺激”和“兴致”这些词语。然而，蓝色性格者倾向于使用理论、行话、数据和专业术语。金色性格者则常把“事实”“传统”“受人尊重”和“证明”等词语挂在嘴边。

绿色/红色内向性格者冷静，很少发言。你情感丰富的内心世界鲜有人知，除非是你熟悉的人。转变风格对你而言意味着讲话更具体、坚决，按顺序说，少用比喻的手法。放下全球视野，着眼于当下的细节和技术战略。你善于倾听，能够轻易地分辨出同事喜好的风格。

盲区

绿色/红色内向性格者普遍存在这些盲区，或许只有少数几点适用于你：

- 思考的时间多于行动的时间。
- 在收集想法和观点的时候做决定。
- 把理想放在首位，不切实际。
- 靠直觉行事，而非事实与分析。
- 低估物流（需要时间）的重要性。
- 被人批评会记在心里。
- 使用隐喻和类比等手法，不用具体、实际的词语。
- 苛刻地要求自己。

引发疲劳和冲突的压力源

让绿色/红色内向性格者产生压力和疲劳感的工作环境：

- 太多社交场合。
- 虽然不情愿，却成为关注的焦点。
- 办公室政治现象严重，无法理解或误解同事的言语与行为。
- 必须妥协内在价值观。
- 重复性工作较多。
- 缺乏私密性，缺少思考的时间。

绿色/红色内向性格者在高压下容易自我挑剔、敏感、戒心重重。为一些小事进行刻薄的评论或者情绪爆发是常有的事。被迫放手重要的项目时，你会习惯放手。疲惫的绿色/红色内向性格者或许会变得固执、散漫、毫无目的或无组织、无纪律。你总忽略身体健康状况，在休息时易暴饮暴食或过度锻炼。

自我指导，探寻高效工作关系

若绿色/红色内向性格者试图通过自我调整促进职业发展，那么首要的关注点应该是如何利用自我优势和自信心应对内在价值观的挑战，而非逃避。同时，你需要多关注金钱，它也是帮助他人的重要工具。

求解与决策

绿色/红色内向性格者有以下优势：

- 评估对人的影响，勇于接受挑战。
- 收集大量信息，提供大胆、创新、原创的解决方案。
- 寻找获得帮助的途径与方式。
- 知道冲突可以为真正的需求提供出路。
- 在平凡中找到新奇。

遭遇挑战时提高效率的策略

人与人之间的挑战会削弱生产力。以下是你可能会面临的重大挑战及相应的调整策略：

- 反对条条框框和官僚体制。你坚信头脑风暴可以解决问题。当别出心裁的解决方案不得以屈服于结构之下时，你会恼火。你要在规章制度内工作，发展一些可以帮你完成目标的同盟。
- 认为金钱没有使命重要。事实上，这两者是同样重要的，人要想有所进展，二者缺一不可。倘若可以明白这个道理，你将所向披靡，任何目标都难不倒你。

• 必须在大团队里或者开放的办公区域工作。你可以提出要求，从小型的团队工作开始。争取私密的工作环境……如果没有私密的空间，你会备感压迫。

• 不乐于接受对你个人有谴责之意的批评。要以平常心对待，然后询问那些批评你的人是否尊重你的信仰。大多数情况下，他们尊重你的信仰！

• 犯事实性错误。其他色商性格类型需要事实来减轻焦虑感。对于你而言，事实分析往往证明你的直觉是正确的……你可以跟着直觉开始，然后证明自己是正确的。

• 忽视冲突。你总是优先看到环境中的和谐因素，但是往往忽视冲突会滋生怨恨。你可以在冲突发生的初期解决它，为此你需要掌握一些重要的谈判策略。

应对挑战时，每天设定需要优先处理的事。找一个没有批判态度的导师，他应该精通金融，擅长逻辑分析。你可以通过场景模拟培养解决冲突的能力，给自己的铁拳头带上天鹅绒手套。你需要提前设定好公司的预期目标，防止自己的完美主义与最后期限相冲突。最重要的是，不能忽视自己对休息和隐私的需求。

案例二：当你在职场穷途末路时

政治学的大局观和以人为本的本质吸引了绿色/红色内向性格的坎迪斯·福克斯，这是她在大学学习的专业。她长时间独自在图书馆研究政策对人口的影响，这是她为自己充电的方式。她的成绩名列前茅，在民主党发展的话，未来一片光明。

大四前的夏天，她在美国总统奥巴马的当地政治竞选活动中担任重要的志愿者职位。她在团队里的任务是通过社会媒体协调地方集资。

开发网站和建立 Twitter 账户是很有满足感的工作，但对于坎迪斯来说，这次经历被这些事毁了：不得不在和体育馆一样大的开放房间里工作，充斥着手机铃声、电话销售和公开争论的嘈杂声。绿色内向性格者在聒噪、不和谐的环境下很难专注工作。领导对她的工作越来越不满意，这让坎迪斯丧失了动力，也摧毁了她的工作能力。

坎迪斯在大四期间重新考虑她的政治目标，重新定位了职业生涯。在父母的支持下，她决定攻读政治学博士学位，最终成为一名大学教授。很多教授压力特别大，认为“要么发展要么出局”，性格内向的坎迪斯与这些人不一样，她很享受长时间的研究和写作。她开始写博客关注年轻选民方向。

政治觉悟——会说话

色商系统很有价值的部分在于掌握各种颜色性格者的能力，如红色性格者本能的危机处理能力、金色性格者细致具体的思维和行政管理能力、蓝色性格者在保证自身利益前提下的战略思考能力。我们应该把令人恼怒的同事转变成自己强大的政治同盟。

红色性格者。绿色/红色性格的保琳是客服经理，她觉得红色性格的杰克来升级计算机时特别烦人。“他关闭了部门的计算机系统，整个部门陷入混乱——他却觉得很好玩。”

你的性格类型会激怒红色性格者，因为你总是强调大局观，强调意会字里行间之意。你的这些特质对于红色性格者来说不够现实，他会拿实际情况跟你据理力争。红色性格者的优势是处理当前的事情，他们喜欢在实际过程中观察运行情况。你保守的方式和察言观色的能力让他们深感困惑。对于绿色/红色内向性格者来说，红色性格者总是处于即将失控的混乱状态。红色性格者蔑视官僚主义，你却支持，他们更加关注事而不是人这一点你不喜欢。这很容易引发与绿色/红色内向性格者之间的长期矛盾。当红色性格者的优势成为你的烦恼，但出于和谐你又选择忽视这一烦恼时，你的怨恨会慢慢聚集形成消耗自我的冲突，红色性格者反而会因此获得激情与热情。红色性格的同事喜欢对你保守的外表一探究竟。

谈判策略

· 用以下词汇和红色性格者交流，观察他们的反应：“刺激”“享受”“促进”“现在”。

· 放下大局观和未来趋势，有规划地讨论现在具体要做什么。

· 征求他们的意见。如果需要的话，红色性格者可以当即想出可行办法。

· 切忌过于关注细枝末节，让他们处理延期、模棱两可、未知改变等情况。

· 不要为求和谐而屈服，坚持自己的立场，最好采取一些简单幽默的方式。

· 想象自己是在挑战爱挑衅的红色性格的同事，对于所有提议都敢于说“不”，要勇于表达自己的关注点。

蓝色性格者。绿色/红色性格的杰里米是一家商业设计工作室的老板。他特别想把蓝色性格合伙人艾德的股权买断。“他的策略帮我们成立了工作室，但是他对待人的鲁莽态度也让我们丢了很多客户。”

蓝色性格者是所有色商性格类型中最不关注人的性格类型。对绿色/红色内向性格者而言，蓝色性格者会将他们的所有精力倾注在策略的制定上，而且这些策略常常忽视员工和顾客。你的性格类型不关注整个策略，而是会对人们和理想带来怎样的影响，这会惹怒蓝色性格者。蓝色性格者认为缺乏战略细节的大局观一定会遭受挑战。蓝色性格者会以批评和质疑咄咄相逼。这种攻击迫使绿色/红色性格者坚定地应对冲突。蓝色性格者会以你“没有能力”反抗他人或“没有能力”获胜为出发点来评价你的关注点是否有意义，你会表现出轻蔑的态度然后退缩。如果你招架不住蓝色性格者的诸多问题，千万不要认为这是针对你的，也不要认为这是对你的威胁。其实，这是一种恭维，这是蓝色性格者对你的想法表达兴趣的方式。

谈判策略

• 用词简短、简洁。

• 使用“如果……那么……”句式，效果会很不错。

• 回答要坚定、有效：“我听到了，下面我来告诉你我的想法。”“从战略层面来说，我认为这个问题……”“如果你认为客户关系不重要，那么你认为应该怎样处理取消账单这种问题呢?”

• 调整措辞，使用理论、行话、数据和专业术语。用几个长期效益的例证来证明你的提议有价值。运用你的机智、聪明才智及逻辑推理能力。

• 展现你的能力。蓝色性格者迫使你内心强大、坚定，他们需要看到你的能力。不论代价如何都要坚持下去。

• 不要表现得情绪化，或被逻辑吓到。蓝色性格者是十足的无感情批判思维。

金色性格者。绿色/红色性格的简和客户之间维持着完美的关系。

其中一位客户瑞驰是金色/蓝色性格，他很野蛮，总是刁难他人。他常用难题刁难简，就简的回答与她争吵。当简试图进一步融洽两人的关系，询问瑞驰的兴趣爱好时，他表现出很反感的样子。

要与金色性格者交好，协调好你的团队；你需要金色性格者在金融和细节管理方面的能力。你会更喜欢金色/绿色性格者，但是金色/蓝色性格者的情况就截然不同了。他们比你独裁，比你没耐心，认为你的做事风格太软弱。绿色/红色性格类型过于理想主义，在解释目标的实现方式时缺乏具体论据及线性思考，金色性格者不喜欢这一点。

如果像瑞驰一样的金色/蓝色性格者挑战你，那么你只需要提出步骤明确的方案即可。在制定方案时，想象一下如何才能切实地帮到落实方案的人。

谈判策略

· 为了缓解紧张局面，说话时多使用“事实”“传统”“受人尊敬”和“证明”这些词，避免使用隐喻和类比。

· 使用具体词汇进行交谈，这样你就可以和金色性格者畅所欲言。尊重他们对用词的要求：有框架、有凭有据、实际、按顺序来。

· 每天在低压环境下，花上几分钟为未来做计划，了解投资、成本、时间表和预算一类的词汇。

· 认可并且称赞他们高超的细节处理能力，尤其当你的一些细节工作由他们做时。对他们的地位和头衔表示尊重（即便你觉得这样做很肤浅）。

外向性格与内向性格

如果之前的建议都没有起太大作用，那么说明你面对的是外向性格者。在这种情况下：

· 你或许难以理解为什么他们时时刻刻都需要有人围在身边，他们为何享受这种喧闹的氛围。你需要尊重他们，切忌挑战他们，因为他们的充电方式是与他人交流——正如你需要独处的时间一样，他们需要这种交流。

· 建议你多问问题，多分享自己的故事。

· 建议你提高自己作为合格倾听者的技能，但也要记得常打断他们。

· 建议你主动帮他们处理一些需要独自完成的工作。他们的感激会让你有所收获，独处的时间也是你需要的。

根据前面的描述，你了解了所有的同事吗？若想进一步了解所有性格类型，可以阅读有关色商性格类型的全部章节，然后阅读第二十五章《适应其他工作环境类型》。

· · ·

总之，绿色/红色内向性格者具有创新思维且敏感，乐于支持他人的发展。你们是最不渴望高层管理位置的性格类型，你们喜欢做决策者的权威顾问。如果是可以帮助到他人的事，你就可以接受，但是你不喜欢成为重要人物。你还可以在短时间内培育接班人的管理能力。

绿色/红色内向性格者为事业献身，甘为尊重自己的人做事。因为受强大内心价值观的驱使，你与其他色商性格类型相比更理想化。如果有人挑战你的价值观，你会以激进的防守姿态做出让所有人出乎意料的反击，因此，冲突通常都可以被你解决。

然而，绿色/红色内向性格者必须不断地平衡自己的理想化主义与现实主义，不要忽视自己对隐私和独处的迫切需求。

第十章　红色性格人群概况

红色性格人群约占世界人口的27%。如果你并非其中一员，但想知道怎样识别红色性格者，怎样与这种性格的人打交道，可参照本章结尾“识别具有红色性格的同事”提供的建议。

伯爵夫人伊迪萨·内梅斯

前纽约房产经理人伯爵夫人伊迪萨·内梅斯或许没有她的同事唐纳德·特朗普那么有名，但她是红色性格类型的典型代表。大家都叫她“迪萨”，迪萨喜欢千变万化的房地产行业。她凭借一波三折的阅历，轻而易举对付这些变化。

19岁时，迪萨嫁给了匈牙利最富有的贵族，但之后由于政治原因，这对夫妻被迫带着孩子一同逃往瑞士，他们把衣服背在身上，并且把珠宝藏在腰带布里。红色性格者处理危机的能力是与生俱来的，过边境时，迪萨把腰带扔在桌子上，接受搜查时用了点小把戏。等成功转移搜查者的注意力后，她很不开心地戴上了腰带。保留下来的这些珠宝足以负担他们到达下一个难民营的开销。就这样，他们最终成功逃至北非。

眼看盘缠逐渐减少，一家人终于在埃及国王法鲁克（King Farouk）的法庭上获得政治庇护，但是家里的两个成年人都没有什么工作技能。他们寄宿在塞纳公主的宫殿里，当公主赞许小女儿的衣服时，红色性格的迪萨意识到这是她挣钱的第一个机遇。于是，她租了块地，雇了一名剪裁工和几名女裁缝，开始设计巴黎风格的儿童服装。红色性格者生来就对高级定制和精致物件有独特的审美能力。当国王的三个女儿亲自展示了她的高定服饰后，“设计师伯爵夫人”一夜之间成为开罗最轰动的人物。

危机最能激发红色性格者的最佳状态。在将近十年的时间里，迪萨的生意支撑着整个家庭开销。埃及贵族时常光顾她的门店，贵族子嗣为她的年度时装秀做模特。每位王子、公主都有她设计的当季服饰，客户们吵着要她的私人定制。所有的交易，迪萨都简单记录在一个小黑本里，这是红色性格者的典型性格特征。

然而，1952年的政治动乱迫使这个家庭再次背井离乡。此时，迪萨腹中已经怀上了第二个孩子，即便如此，她选择再一次直面挑战。她用服装店挣的钱支撑一家人逃到美国。迪萨决心让孩子生下来就是美国公民，所以一直强忍着不生产，落地洛杉矶后一小时就把孩子生了出来。迪萨·内梅斯是我的母亲，所以这也是我出生的故事。

要想在美国东山再起，依然需要迪萨身为红色性格者所具备的能力。在旧金山咖啡世家福尔杰家族的帮助下，迪萨在咖啡大亨家庭的客厅举办了一场时装秀，11岁的艾比盖尔·福尔杰和她的朋友担当了此次服装秀的模特。马格宁的一名买手看上了迪萨的设计。5年后，“设计师伯爵夫人”已在全美开了300多家店铺。

其实，红色性格者更喜欢新事物带来的刺激以及小型企业的灵活性。在接下来的30年里，迪萨利用自己红色性格者具备的谈判天赋，一心扑在房地产行业。对随心所欲的红色性格者迪萨来说，别人认为压力大的事反而会成为她奋斗的动力和快乐的源泉。“做你喜欢做的事，”迪萨建议大家，“当你只身一人在奋斗时，你必须给自己以动力，这样就能成功。”

和所有的红色性格者一样，她说：“我从来不规划未来，我不担心明天。”

“任何事都可能无预兆地发生变化，所以我会尽量让自己不过于看重已经发生的事情。享受当下才是真正刺激、好玩的事。钱不是最主要的动力。我不会花太多的时间懊悔我本应以另一种方式处理这件事，也不会担心即将要发生什么。”迪萨·内梅斯并没有这样描述自己的工作风格，这是唐纳德·特朗普对自己的描述。

唐纳德·特朗普

据迈尔斯—布里格斯性格类型量表团队估计，唐纳德是美国最有名的红色性格者之一，他是特朗普集团的董事长兼总裁，据《福布斯》报道，截至2012年，他坐拥超过29亿美元的净资产。

“我决策交易的风格十分简单明了，”特朗普表示，“我的目标很高，所以我总是不停地鞭策自己达成目标……我认为决策交易与其他任何事情都不一样，它是你与生俱来的一种能力……并不能证明你聪明与否。这确实需要一定的智商，但是它更像是一种本能。”

爱德华·科赫，纽约市前市长

另一个闻名遐迩的红色性格的纽约人是爱德华·科赫（由索亚·泽奇本人亲自评估）。科赫毕业于纽约城市大学（City College of New York），第二次世界大战期间参军，曾获得两枚战星奖章和战斗步兵勋章（the Combat Infantry Badge）。回归后，他取得了法律学位，曾在纽约市国会任职两年，担任 9 年议员，随后于 1978—1989 年任纽约市市长。如今，87 岁高龄的红色性格者科赫依然充满活力，是美国博恩凯悟律师事务所（Bryan Cave LLP）的合伙人，在彭博电台（Bloomberg Radio）AM 1130 主持电台广播谈话节目，与前参议员阿尔丰瑟·迪阿玛多一同上《纽约 1 频道》（NY1）节目，在全国范围内巡回演讲，还为一家周刊撰写评论。

作为典型的红色性格者他的危机管理智慧使纽约市免于破产，他建立公认会计原则（GAAP）平衡预算，恢复了财政责任，建立了司法优先选择系统。“我不会让政治接受法官的委任，”科赫说这是他最引以为豪的成就之一，“我总喜欢独自站着，甚至享受身后没人的那种感觉。”

因此，当他政府中的两名官员被曝卷入腐败事件时，这件事给他带来很大的压力。科赫回忆说：“我真的会为此而抑郁，担心这事会把自己抹黑。但是约翰·C. 奥康纳（John C. O'Connor）来电说：‘爱德，我知道你很抑郁，其实你不需要担心；大家都知道你是个正直守信的人。’”

在纽约市政府这样的大组织中，冲突是不可避免的，凭借红色性格超强的反应力，他得以连任三届。科赫说：“我很幽默，我的领导方式赢得了人们的信任，他们追随我。如果你追随我，我会带你穿越荒漠。我总是激励人们一同努力。”

兰多夫·A. 霍根，《纽约时报书评》前任编辑

红色性格者不仅在商界和政界出类拔萃，在传媒界也有不俗的成就。兰多夫·A. 霍根是半退休状态的自由撰稿人及编辑，曾在《纽约

时报》工作了16年，负责过多个版块的编辑工作。兰多夫说自己深受父亲对报纸崇敬之情的影响："我十岁那年，就开始读《纽约时报书评》（*New York Times Book Review*）了。这也是偶然，但是最终却促使我成为《纽约时报书评》的编辑，还做了这么多年。"

凭借红色性格者敏锐的审美鉴赏能力，兰多夫把分配审稿当成欣赏艺术品。"如果你有责任心，这就像是走雷区，"他回忆说，"我一直在寻找审阅者的风格和他们的写作方式、思考模式。"

红色性格者着眼于当前，他的这一特质与报纸文化十分吻合。"我从来不会为未来制定战略，"兰多夫回忆说，"当你在报社工作时，所有的事情只在一天内有时效性，到第二天没什么关系了。"

· · ·

红色性格者具有超强的谈判才能和解决问题的能力，在充满挑战与变化的行业中表现出色，如房地产、政府工作和报纸出版。他们相信自己亲眼看到的、亲自触摸到的、品尝到的或者听到的事物。他们很躁动，喜欢自食其力，讨厌在工作或人际交往中受挫的感觉。虽然他们对朋友、家人很忠诚，相信自己的直觉，愿意履行自己的义务，但是职责不是他们的动力。他们的动力源于对刺激的追求。他们的格言可能是：死时得是玩具（或钱）最多的那个人！

你应该没有什么耐心读类似本书的读物，能读到现在已经很不错了，值得庆祝，鼓励你读这本书的人也该满足了。如果你能再快速浏览一下红色性格章节中有关"识别具有红色性格的同事"那部分内容，他肯定会更开心的。那部分内容最实用，还是去看看吧，再学点东西！

识别具有红色性格的同事

外部环境线索

· 办公桌上堆满文件。

· 收集各种小物件、运动纪念品、有异国风情的旅游纪念品。

· 会因为表走慢了而制造出一些刺激的“小危机”。

· 陈列精美的物件。

个人习惯——个人行为

· 随心所欲。

· 躁动，肢体语言丰富。

· 经常迟到。

· 习惯调整技术或修理机械。

· 穿着颜色花哨的优质衣服，佩戴昂贵的手表。

· 喜爱手工酿酒、高级烹饪和美酒。

个人习惯——措辞

· 喜欢活动而非交谈，喜欢寻求刺激与冒险。

· 善用简明扼要的短句。

· 很有幽默感。

· 讲情义。

· 反应快。

· 表现出超强的谈判天赋，能为工作注入欢乐。

如何与红色性格者打交道——“风格转化”建议

· 避免开会，或者选择在有趣的地方开会；简明扼要地陈述；讲些有趣的故事。

· 使用类似“攻击”“挑战”“刺激”“享受”等行为动词。

- 不讲理论，直奔主题，讨论当下最根本的问题。
- 以实际操作来解释问题。
- 在讨论和规划过程中提供选择。
- 强调即时性——“这种方案马上就能有效果”。
- 允许红色性格者跟着直觉走。
- 讲清楚风险等级，红色性格者通常觉得有风险很刺激。
- 承认并且欣赏红色性格者应对危机的技巧。

第十一章　红色/蓝色外向性格

你不仅仅具有红色性格，你的性格中也透露出强烈的蓝色性格特征，即第二性格。经测试，你的色商为外向型，这意味着你为自己充电时喜欢与他人相处而非独处。你的性格类型约占世界人口的6%。红色/蓝色外向性格者读这本书可能就是为了取悦他人。你会发现这章节大部分内容可以证实你的为人，倘若没有，请再测一遍自己的性格类型。木章节也会告诉你一些可以和同事尝试的互动、工具和实验。

首要激励因素

因为性格外向，太长时间独自工作会让你感到不安。即便这些行为有可能引起骚动，你也依然选择创造多样性，多加行动。对你来说，在开放环境下工作，效率最高。

如果你是红色/蓝色外向性格者，在求职和审查的时候应争取这些工作环境激励因素：

· 可以决定实际问题的解决方案。

· 时常有新鲜的体验。

· 能够接触最前沿的技术与设备。

· 可以负责行动管理与危机管理，这些是让你保持活力的因素。

· 工作与乐趣同在。

企业文化——寻找最优匹配

寻找或者创造最优工作环境是所有性格类型人的责任。不同色商性格类型的最优文化氛围不同，一家公司的优势放到另一家公司或许会变成劣势。企业文化本身可能不会功能失调，比如，金色性格者讨厌红色性格者喜欢的东西。冲突、削弱的优势、怨恨及挫败感都是文化匹配不成功的表现，倘若你了解自己的喜好，就可以避免这些问题。

红色/蓝色外向性格者最喜欢的工作环境具有以下特点：

- 鼓励责任和任务的多样性。
- 团结的、以结果为导向的小规模团队。
- 不机械重复的短期项目。
- 生产有形产品。
- 舒适、有吸引力的工作环境。
- 不束缚身体自由的工作、社交环境。
- 富有企业家精神，充满竞争，出现问题时能直接解决。

如果你认为以上这些点显然与自己匹配，那说明你的测试结果正确。与金色/绿色内向性格者的理想工作环境对比一下。

红色/蓝色外向性格者最不喜欢的工作环境具有以下特点：

- 多是长期项目，强调抽象的概念和策略。
- 领导常发号施令，总是认为自己的方式正确。
- 等级观念强，因烦琐的会议和备忘录导致工作进度缓慢。

·多是细节工作，重复性强。

·领导事必躬亲，没有幽默感，工作日程紧张，几乎没有娱乐时间。

·强迫员工尊重等级观念。

经营管理现状，塑造个人形象

红色/蓝色外向型性格的管理者最重要的任务之一是建立他的执行声誉，即“品牌形象”。塑造个人形象很有必要，你会获得实实在在的益处，有必要时也可以营销自己。

红色/蓝色外向性格者在塑造个人领导形象时应利用好自己的优势，如迅速掌控局势，相信自己的直觉，进行有效的谈判，在充满危机和变化的时期依然能够完成目标。

身为管理者，你懂得放权，可以全身心投入。你现在甚至都不想继续读下去了，想直接开始干活！这就是打造行动上的个人形象。

以下是你在塑造个人形象时需要注意的其他行为：

·解决问题，收获他人的信任。

·识别并且重用手下和高级职员的能力。

·敢于冒有保障的险（学会利用你在项目中期修正项目发展方向的天赋）。

·用幽默缓解紧张的氛围，推动工作进程。

这也说明，你向往管理大型机构。当你所在的部门发展到了一定规模，你会考虑换一个规模小一点的工作部门。

案例一：红色/蓝色外向型性格者中的成功人士

希拉·L. 伯恩鲍姆，世达侵权诉讼保险集团联席主管

一个杂货店老板的女儿如何成为全球数一数二的产品责任律师？除了需要多样性和属于行动派之外，红色/蓝色外向性格与生俱来的能力还有竞争力、谈判能力、危机管理能力、直接解决问题的能力。红色/蓝色外向性格的希拉·L. 伯恩鲍姆凭借自己的性格特征取得了巨大的成功，被称为"反侵权女王"。她是世达侵权诉讼保险集团的联合创始人，目前担任公司的联席主管。

她的公共服务职业生涯涉猎诸多行业，但指向同一个主题——公平。红色性格者对公平尤其敏感，这一点在伯恩鲍姆的历任职位中都得以体现，如纽约州少数民族司法委员会成员，美国法院种族、民族和性别公平第二巡回工作队执行董事。2011 年 5 月，身为纽约人的伯恩鲍姆被美国司法部长埃里克·霍尔德任命为"9·11"事件受害者赔偿基金会主席。曾是四年级教师的她，为"9·11"恐怖袭击中受害的 92 个家庭成功调解了 5 亿美元的赔偿金，并且获得认可。由此可见，红色性格者是一流的调解专家。

所有的红色性格者都会点头同意伯恩鲍姆这句话："发生在自己身上的最糟糕的事情或许就是电话一天都不响一下。其实，事情越多我的内心越平静，"她补充说，"我也处理得越好。"

迈克尔·纳苏，FBN 证券公司

"我在高压下的工作状态很好，"纽约经纪商 FBN 证券公司合作伙伴迈克尔·纳苏承认说，"我做事灵活，适应能力强，能够迅速调整计划的发展方向。"

纳苏是典型的红色性格者，喜欢"管理自己的团队时，没有太多规则和等级"，这样可以让公司保持灵活，为客户提供优质的研究、交

易策略、资金引进以及企业访问服务。他说："我喜欢通过建立战略合作伙伴关系来创造新契机和收入来源。"依靠纳苏红色性格的超强适应能力，他的团队超额完成销售目标。

他的成功一部分要归功于处理团队内部冲突的方式。"首先，我会直截了当地说明问题，然后心平气和地坐下来听取各方的想法，最终找到合理的解决方案。"由此可以看出他的蓝色性格特征。

纳苏像红色性格者一样为未来制定策略——"现"时"现"地制定相应策略。他表示："我能在不断变化的环境下继续创造价值，为客户提供新的产品。"

融入团队，打造优质高效团队

在团队里，你头脑清晰，是解决问题的专家、技术专家、谈判专家，能够激发团队乐趣。你为团队贡献的方式有：

- 提供应用常识。
- 从实用性出发和懂得享受。
- 善用各种各样的人才。
- 保证会议切题。

交流方式

你只需要调整措辞，顺应其他颜色类型的性格，就可以改变局面，带来极其积极的影响。"主观分析与客观分析""理论与实践""循规蹈矩与灵活处理"这三组矛盾是绝大多数职场冲突的根源。如果能够"转变风格"，你就可以在磋商谈判、管理和面试过程中获得较强的竞争优势。

最低标准：直言不讳。你更喜欢当面交流，擅长使用肢体语言，社交对你来说是很轻松的事情。你更喜欢用激进的词汇，如“刺激”和“兴致”。绿色性格者更喜欢抽象的概念和隐喻，常强调“价值观”“人际关系”“感受”和“友好”这些词语。然而，和你具有相同性格特征的蓝色性格者倾向于使用理论、行话、数据和专业术语。金色性格者则常把“事实”“传统”“受人尊重”和“证明”等词语挂在嘴边。

红色/蓝色性格者的原则是少说多做。你以热情饱满的姿态，通过自己的故事阐述观点。转变风格就意味着你要调整情绪、战略和与他人相处的方式，以双赢的解决方式阐述这些观点。

盲区

红色/蓝色外向性格者普遍存在以下这些盲区，或许只有一些对你适用：

- 在没有足够的数据支撑或没有经过长时间思考的情况下冲动行事。
- 同时开始太多个项目，因为精力不足而错过最后期限。
- 对他人的情绪和反馈不够敏感。
- 不遵守承诺和制定“不合逻辑”的规则和程序。
- 不做准备就开始会议。
- 管理时间不妥当，总是随心所欲地做事。

引发疲劳和冲突的压力源

让红色/蓝色外向性格者产生压力和疲劳感的工作环境包括：

·必须在行动之前制定详细的计划。

·基本没有社交活动，没有自行解决问题的自由。

·周围的同事和工作环境不灵活，工作进度缓慢。

·充满不安的情绪和对规则的挑战。

·无奈于向同事辩护自己的能力和诚信。

·因要求过多，导致工作没有乐趣，员工没有为自己充电的时间。

如果你处在高压下，你需要采取行动避免自己出现如下情况：反抗、孤僻、孤单、不受重视和无聊。建议你和领导谈谈，告诉他你可以提供更多价值！向领导提供可以满足自己行动和社交需求的建议。

自我指导，探寻高效工作关系

若红色/蓝色外向性格者试图通过自我调整促进职业发展，那么，首要的关注点应该是如何应对他人的情绪、规则和抽象思维。

求解与决策

红色/蓝色外向性格者有以下优势：

·观察透彻，找到合理的行动。

·处理大量信息，做出艰难的抉择。

·在高压下反应迅速。

·找到所需资源。

·绕开阻碍解决问题的规则和程序。

·相信自己的直觉。

遭遇挑战时提高效率的策略

人与人之间的挑战会削弱生产力。以下是你可能会面临的重大挑战及相应的自我调整策略：

• 反对条条框框和官僚体制。你认为提出问题并且为之行动是有价值的。当公司或团队的结构阻碍合理的解决方案时，你会恼火。你可以与运营系统的金色性格者交好，发展一些能够帮你实现目标的盟友。

• 必须单独工作。你可以把这种任务委托给性格内向的同事，他们会感激你给他们独处的时间！你可以提出要求在人多的环境下工作，从而提高自己的工作效率。

• 失去自由，被束缚。你总是选择性地无视阻碍你的同事。但即便是最细小的工作和细微的破坏最终也会影响到职业发展。相反，工作遇到困难时，你可以在午餐期间到健身房运动一下。为自己争取更多的自由。建议你使用本书说服公司，因为你获得了更多的自由后，公司也可以从中获益。

• 工作漫长艰难但收效甚微。当疲惫、悲观情绪出现时，你可以做一些有趣的活动为自己充电，登山、赛车、跳伞、深海潜水、冲浪、旅游、听音乐、跳舞——任何对你有益的活动，尽管去做！

• 没有决策控制权。进行角色扮演，最好是跟以决策为导向的蓝色性格者一起，这样效果会好一些。可以和境况相似的人交谈，探讨实际的解决方案。

• 受他人情绪影响，误导自身逻辑判断。找一个绿色性格者做自己的导师，度过情绪混乱期。把控制情绪当作“如果……那么……”的工作，这样就可以想出更多全面的决策。例如，“如果他这样想，那么他就会那么做”。

应对挑战的时候，要充分利用自己的天赋：摸清情况之后再行动，擅于管理危机。你要避免需要长期决策和计划的工作。年轻的红色/蓝色外向性格者常常改变项目或者跳槽，直到他们找到正确的努力方向——既有足够的自由，又有解决危机的责任的工作环境。

案例二：当你在职场穷途末路时

主厨菲利普·蒙特全身疼痛难耐，他知道现在是时候往前看了。他和妻子杰尼拉的婚姻之路不平坦，这位誉满三市的成功主厨想要拥有自己的事业，他把自己的餐厅卖给了一个事必躬亲的人。

夫妻俩用现金购买了位于罗得岛纽波特高档地区的一家酒店。妻子激动不已，终于可以和丈夫有更多相处的时间了；菲利普也期盼工作时间可以少一些，慢慢恢复身体状况，为少量顾客做一些创意菜肴。

然而事与愿违。买了这个酒店之后，资金短缺了，菲利普必须兼顾酒店的客房服务和前台服务。他现在每天的日程满满的，要打扫房间，要为新客户做准备，还要处理信用卡交易。金色性格者不会介意这些，但是红色性格的菲利普更喜欢处理突发危机。不幸的是，他几乎没有时间计划自己的创意菜肴或寻找当季食材。

一年后，杰尼拉给他下了最后通牒：“聘请一位前台经理或者卖了这个酒店。”从资金运转情况来看，考虑成熟之后雇一位前台经理是可行的。一个月之内，菲利普聘请了当地人黛比，黛比很高兴能有这份工作。把前台工作交给别人之后，菲利普空出了多余的时间，这样他就可以把自己的红色性格优势用在处理危机和研究菜谱上了。自此之后，这家酒店被评为四星级酒店，收益颇佳。

政治觉悟——会说话

色商系统很有价值的部分在于掌握各个颜色性格者的能力，如红色性格者本能的危机处理能力、金色性格者细致具体的思维和行政管理能力、蓝色性格者在保证自身利益前提下的战略思考能力。我们应该把令人恼怒的同事转变成自己强大的政治同盟。

绿色性格者。“我们正在提升制造工艺。我需要的是实实在在的制造情况，而杰姆斯能为我提供的只有管理技巧和一线工人的反应。”红色/蓝色性格的胡安不知道拿绿色性格的同事詹姆斯怎么办才好。

绿色性格者是四个基本色商性格类型中最以人为本的。绿色性格者的抽象愿景和长远方向在你看来或许不需要。你的类型可能会激怒绿色性格者，因为你专注逻辑、小细节和当下的事，不关心长远之计和实际关系。你们这两种性格都会在决策前尽可能保持自己的观点，但绿色性格者会综合考虑同事的情绪反应，而你只关心事实。出现危机时，你不喜欢亲力亲为。因此，你的做事风格在绿色性格者看来有点迟钝，或者说不屑一顾。绿色性格者或许不会与你针锋相对，但他们会变得很冷淡，不再支持你。

谈判策略

- 要对绿色性格者的抽象愿景和长远思考保持耐心。这些特质可以为团队防患于未然，让你专注于项目中期修正和当下需要解决的危机。
- 询问同事感觉如何。他们会给予你友好的回馈。
- 如果你想让他们着眼于当下，需要一步步指示给他们看，因为绿色性格者都是以未来为导向的，只会偶尔关注当下的事。

·决策时把他们的价值观考虑进来，确保他们在政治策略上认同你。

·保持真实。请记住，当你开心地尝试新鲜事，看别人怎么反馈时，你的做法已经困扰到了他们，他们已经远离你了。

蓝色性格者。红色/蓝色性格的罗博抱怨："蓝色性格的皮特整天坐在办公室里，闷头想下一个百年计划。如果他能出来和我们在办公室讨论下，可以为他节省很多时间来做些当下的事情。"

对红色/蓝色外向性格者而言，蓝色性格者基本没有协作意识，似乎他们把全部精力都放在制定策略上，而根本不关心当下工作的执行。你的性格类型关注现实社会，而不是整体策略，这会惹怒蓝色性格者。你需要放慢脚步，解释一下为什么你的计划也行得通。如果你在毫无准备的情况下参加会议，蓝色性格者会以批评和质疑咄咄相逼。这种猛烈的攻击迫使红色/蓝色性格者做长远打算。蓝色性格者会以你"没有能力"反抗他人或"没有能力"获胜为出发点来评价你的关注点是否有意义。如果你招架不住蓝色性格者的诸多问题，千万不要认为这是针对你的，不要认为这是对你的威胁。其实，这是一种恭维，这是蓝色性格者对你的想法表达兴趣的方式。

谈判策略

·用词简短、简洁。

·使用"如果……那么……"句式，效果会很不错。

·想清楚怎么回应，说出你的长远打算："如果我今天这么做，那么六个月后会是怎样的局面。""从战略层面来看，我认为这个问题……"

• 调整你的措辞，使用理论、行话、数据和专业术语。用几个长期效益的例证来证明你的提议有价值。运用你的聪明才智、逻辑推理能力和幽默感来阐述自己的观点。

• 展现你的能力。蓝色性格者迫使你内心强大，所以你得事先做好准备，他们需要看到你的能力。

• 不要表现得情绪化。蓝色性格者是十足的无情感批判思维。

金色性格者。“我想退出了!”红色/蓝色性格的缪利尔厉声说道，“我快速地做出决策，而且有根有据，为的就是保住这个重要的客户。然而金色性格的康斯坦斯却贬低我，不停地埋怨我保留了原始折扣。”

金色性格者是你的克星。他们是规则制定者，是世界程序的制定者，在他们的管理要求下一切工作都会变慢。但是为了提高效率和效益，金色性格者需要合理的安排。你非常讨厌金色性格者一步一步按规章办事，或者提前规划好一切，给你一种被禁锢的感觉。当你工作拖延或开会没有准备好时，金色性格者会第一个冲上来指责你。然而，他们在危机情况下也会措手不及，需要你的才华来帮助他们解决危机。作为交换，他们会管理好你的办公室、项目和企业，把效率最大化。

谈判策略

• 为了缓解紧张局面，说话时多使用“事实”“传统”“受人尊敬”和“证明”这些词。对于变化、中期调整或危机，轻描淡写即可。

• 你喜欢具体的词汇和实际任务，尽管使用就好。

• 每天在低压环境下，花上几分钟进行自我指导，了解投资、成本、时间表和预算之类的词汇。

• 认可并且赞扬他们高超的细节处理能力，凭借自己缜密的细节观察能力给他们留下深刻的印象。

·通过不懈努力在最后期限前完成任务，实现诺言。如果可以借助他人的帮助完成任务，永远不要轻易改变计划或食言。

外向性格与内向性格

如果之前的建议都没有起太大作用，那么说明你的同事是内向性格者。在这种情况下：

·或许你难以理解为什么内向性格者不喜欢交流，为什么他们更喜欢独自工作。其实，这不是个人问题，你只需要尊重他们的性格特征，不挑战他们。他们需要足够的私密空间为自己充电。

·降低你的热情，多倾听。

·请他们讲出自己的想法，但是在他们想清楚问题之前不要强迫他们讲出来。

·别在他们停顿时插嘴。

根据前面的描述，你了解了所有的同事吗？若想进一步了解所有的性格类型，可以阅读有关色商性格类型的全部章节，然后阅读第二十五章《适应其他工作环境类型》。

· · ·

总之，红色/蓝色外向型性格者在不受传统观念、思维和理论约束的环境下，很开放、务实。你会通过实际行动赢得良好的职业发展，这也说明为什么红色/蓝色外向性格者可以成为活跃的企业家和投入的谈判家。

你工作积极性高，有竞争力，在任何机会下都可以把工作当成比赛来做。你喜欢运动队一样的团队。你愿意行动，不喜欢探讨和解决短期难题。你有讲不完的笑话和故事，总能缓解紧张的气氛，让争执的各方达成一致。

那么，遇到下一个同事的时候，就请试一试这些谈判策略吧！

第十二章　红色/蓝色内向性格

你不仅仅具有红色性格，你的性格中也透露出强烈的蓝色性格特征，即第二性格。经测试，你的色商为内向型，这意味着你倾向的充电方式是独处而非与他人相处。阅读本章节时红色/蓝色内向性格者应知道，支撑色商体系的科学系统已经在全世界范围内应用了半个多世纪。

首要激励因素

你会直切正题，履行自己的义务，把各方资源与人才联系在一起，为工作环境注入乐趣。你的优势是简化问题、节省时间、解决实际问题。你在深思熟虑并且分析周全之后才会有所行动。你是个行动主义者。因为性格内向，你可以连续工作几个小时。

你在学习特殊技能和培养专长的时候最有动力。虽然红色/蓝色内向性格者仅占世界人口的5%，但事实证明，你的逻辑推理能力，尤其是处理特殊问题的能力，比其他类型性格者都强。

企业文化——寻找最优匹配

寻找或者创造最优工作环境是所有性格类型人的责任。不同色商性格类型的最优文化氛围不同，一家公司的优势放到另一家公司或许会变成劣势。企业文化本身可能不会功能失调，比如，金色性格者讨厌红色性格者喜欢的东西。冲突、削弱的优势、怨恨及挫败感都是文化匹配不成功的表现，倘若你了解自己的喜好，就可以避免这些问题。

红色/蓝色内向性格者最喜欢的工作环境具有以下特点：

- 以行动为导向的实践型任务，有主动性。
- 规矩少，多是文案工作，有监督体系。
- 小规模的团队，没有等级观。
- 能够接受非正统的方法。办公室政治现象极少，客观、公正地评价工作。

如果你认为以上这些点显然与自己匹配，那说明你的测试结果正确。与金色/绿色外向性格者的理想工作环境对比一下。

红色/蓝色内向性格者最不喜欢的工作环境具有以下特点：

- 条条框框多，程序烦琐，会议和备忘录多。
- 微管理模式，工作消极，被动地静等事情发生。
- 不注重逻辑分析。
- 不提倡“过于挑剔”的态度。
- 同事心胸狭窄、情绪化、逻辑思维差。
- 工作常被打扰。

经营管理现状，塑造个人形象

红色/蓝色内向型性格者常在危机期成为领导者。你们是天生的谈判专家，即便是艰难的决定，你也可以处理得很妥当。即便在充满调整和变化的时期，你也可以正常地发挥自己的所有重要技能。你在职业发展过程中，不受职位和地位的驱使，你是成就感激励型的性格。与长期管理相比，你更喜欢即时处理需要处理的项目。你善于通过人员和任务的协调使效率最大化。你的格言是：说话办事要在点上！

红色/蓝色内向性格者在塑造个人领导形象时应该相信自己的直觉，抓住问题，解决问题。

你是思想自由的冒险家，喜欢把事情简化，你会尽最大努力完成目标。你具有公平公正、稳重的领导风格，你会放权给手下。

案例一：红色/蓝色内向型性格者中的成功人士

玛格丽特·戴维斯，就职于海军陆战队奖学金基金会

自 2009 年起，玛格丽特·戴维斯就担任海军陆战队奖学金基金会主席兼首席执行官。海军陆战队奖学金基金会是美国历史最悠久、规模最大、专为军人子女设立的助学金组织。它为海军陆战队、海军义务兵及在战役中英勇牺牲或负伤的军人的子女提供教育支持，为他们高中毕业后的培训及教育提供奖学金。这个基金会的设立是为了奖励这些军人。在戴维斯的领导下，该基金会成长迅速，曾被慈善导航（Charity Navigator）评级四星。她在非营利性组织、传播和资源发展领域工作了 30 年，曾在华盛顿国家大教堂（Washington National Cathedral）、哈佛大学肯尼迪政府学院公共领导中心（the Center for Public Leadership at Harvard's Kennedy School of Government）、拉维尼亚音乐节（Ravinia Festival）和西北大学（Northwestern University）任职。2008 年，她被授予海军高级公共服务奖章。

她的红色性格特征和蓝色性格特征都在奖学金基金会发挥了巨大

的作用。“我们建立了一支强大的国家级团队，由多位优秀的志愿者和专业人士组成。我们所做的事不仅现在能为军人子女带来益处，在未来几十年里也可以惠及他们，我们喜欢做这种有意义的事，”戴维斯说，“我们每年为军人子女提供6 000 000美元奖学金，同时，我们还计划为四年级学生提供帮助，做这种事情让我们感到非常光荣。”

戴维斯拥有典型的红色/蓝色性格，她会把复杂的事情解决好：“我尝试理清楚复杂项目的条理，了解需要的资源，并且从多方渠道汇集所需资源。”她解释说：“我们的任务是在优化人力、财力和社会资本发展的同时，实现工作目标。”

戴维斯是这样描述自己的工作的：“是国家的重大使命，惠及全美，还得领导6大部门，每天保持各部门之间的日常沟通。”这些工作并不简单，而且战线很长，“要想把工作处理得当，最好的办法是信任团队成员，放权给他们。我们所做的事情也是他们每天在做的事情，而且他们做得很出色”。

使用色商系统时，戴维斯发现自己身边有很多“与自己性格不同的人，尤其是做计划的方式不同”，她也了解到自己身边聚集了各种性格类型的人是有好处的。“我经常需要这样的策划人才，他可以用条条框框和切合实际的时间安排来平衡我的激情和迫切的期待。”

融入团队，打造优质高效团队

红色/蓝色内向型性格者善于调解人际关系并激发他人，能以自然的幽默感缓解紧张气氛。你是一个有主见的人，可以高效地独立工作，不论团队规模怎样，你都可以贡献自己的力量。因为掌握的事实和数据比较多，所以你的工作效率高。你可以运用逻辑思维，快速发掘资源，保证项目顺利进行。

你可以接受各种各样的工作风格，唯独不能接受过于情绪化的人（欲了解绿色性格者，请参照本章节的“政治觉悟”部分，采取简单的谈判策略）。你的最低标准是：对他人抱有切合实际的期望。如果你能获得足够的数据、时间，你的分析可以获得他人的认可，为团队带来巨大的价值。

交流方式

你只需要调整措辞，顺应其他颜色类型的性格，就可以改变局面，带来极其积极的影响。“主观分析与客观分析”“理论与实践”“循规蹈矩与灵活处理”这三组矛盾是绝大多数职场冲突的根源。如果能够“转变风格”，你就可以在磋商谈判、管理和面试过程中获得较大的竞争优势。

红色/蓝色内向性格者简单、直接，不会说没用的话。你更喜欢用激进的词汇，如“刺激”和“兴致”。相反，靠直觉行事的绿色性格者更喜欢使用抽象概念、隐喻和类比，常强调“价值观”“人际关系”“感受”和“友好”这些词语。和你具有相同性格特征的蓝色性格者倾向于使用理论、行话、数据和专业术语。行政管理类思维的金色性格者则常把“事实”“传统”“受人尊重”和“证明”等词语挂在嘴边（观察并检验一下）。

红色/蓝色内向性格者善于观察，喜欢倾听，不善言谈。当你遇到冲突时，你会分析到底问题出在哪里，你觉得分歧也是有建设意义的。当你专注于当下时，你为人实在，是个现实主义者；当你放眼未来时，你可以准确分析多项投资。当你和蓝色性格者、金色性格者交流时，转变风格最容易；对绿色性格者需要耐心。

盲区

红色/蓝色内向性格者普遍存在以下盲区，或许只有一些对你适用：

- 关注短期目标而非长期目标。
- 延长内部分析的时间。
- 错过最后期限，无视别人在意的条条框框和程序。
- 推脱或者放弃不受欢迎的任务。
- 讨论抽象想法时没有耐心。
- 没有深思熟虑就批评他人。

引发疲劳和冲突的压力源

让红色/蓝色内向性格者产生压力和疲劳感的工作环境：

- 被操控。
- 过于自我的同事。
- 缺少隐私，处理事情的时间不够。
- 较多常规工作、重复性工作和细节工作。
- 无法掌控实践或者做抉择，日程和最后期限紧迫。
- 会有不合逻辑的情况。

处在高压下的红色/蓝色内向性格者常常反应过激。这个世界通常是由逻辑操控，但有时也会有“缺乏逻辑”的情况。努力向前或者努力工作可以让一切处于掌控之中。在闲暇时间，你可以不参加社交场合，以免影响自己的情绪。

自我指导，探寻高效工作关系

若红色/蓝色内向性格者试图通过自我调整促进职业发展，那么首要的关注点应该是如何合理地分析并影响他人的想法和行为。

求解与决策

红色/蓝色内向性格者应该利用自己的优势，比如：

· 比其他色商性格类型更能把握问题的形势，做出艰难抉择。

· 能在脑海中构建具体的模型和蓝图。

· 制定务实的解决方案，避免浪费。

· 基于事实、内部推理和观察做重要决定。

· 让员工团结起来，克服障碍，鼓励大家行动起来。

遭遇挑战时提高效率的策略

人与人之间的挑战会削弱生产力。以下是你可能会面临的重大挑战及相应的自我调整策略：

· 反对条条框框和官僚体制。你认为提出问题并且为之行动是有价值的。当公司或团队的结构阻碍合理的解决方案时，你会恼火。在系统内工作，发展一些能够帮你实现目标的盟友。

· 放弃让你感到无聊的任务。放弃任务看似合理，但你有没有考虑过这样做会给同事或公司带来怎样的影响？如果你觉得没有影响，那是因为你没有完整地评估你的行为。在这种情况下，你会做出错误的决策。

• 参与重要会议时更习惯于“临场发挥”。在项目中期修正发展方向是你的强项，但是在同事和领导面前毫无准备或许会影响到你的职业生涯。

• 你认为很常规的解决方案受到情绪的影响。你觉得：“这结果很明显。为什么他们就不能好好做项目，把毫不相干的情绪抛到一边去呢?”绿色性格者可以让你了解到情绪化的同事也可以贡献很多努力和智慧。

• 被迫上网，参与社交场合，与他人闲聊。你很想远离这些场合，干点实事。所以你可以设定精准的目标，如和十个人聊天，交换出去八张名片。建议你放宽对自由和行动的需求。也许，你可以把刚刚认识的人增加到邀请范围内。虽然你更喜欢具体的活动，但是你也应该尝试从自己的兴趣爱好出发，拓展一些工作上的人脉关系。

应对挑战时，每天制定计划；把周计划作为首要解决任务。找一个没有批判态度的导师，他的优势应该是人际交往能力和长远思考。任何刺激的、听起来有益于你的实践活动，如登山、深海潜水、冲浪和收藏小物件，都有助于你发泄情绪。看动作片，阅读指导类书籍，维修，做园艺，改造物件，建模型，做美食，下棋，听好听的音乐都是休息娱乐的方式。你需要工作，但是也需要休息和有私人时间。

案例二：当你在职场穷途末路时

运营副总裁托比·桑切斯把他的宝马车缓慢驶进他在蒙哥马利制造公司（Montgomery Manufacturing）预留的车位，像往常一样，周一上午意味着一周辛劳的开始。虽然他刚到公司一年，但是他很快就意识到技术先进的竞争对手是对自己巨大的挑战。

“托比，我们查阅了您的备忘录，”那天上午 CEO 在每周的准备工作会议上说，“你的事实和数据是很好的例证。但是，当你重新掌舵一艘船的时候，不能一下子选择一个这么大的船，也不能开太快。我们一直以来都这么做的。我们会紧盯着市场动向，但是现在看来，我觉得今年没有必要采纳你的建议。”此时，托比已经听不进去了。红色性格者很反感这种拒绝改变的管理模式。

“没采纳，对吗?”当他冲进办公室时，秘书说道，“‘稳定就是效率’，我之前的销售老板也总这么说。”

每年托比都迫切需要他的第一个休假。“你订下周飞往旧金山的飞机票了吗?”他的秘书把飞机票递给了他。

在纳帕谷（Napa Valley）品酒会上，托比遇见一个名叫菲利普·诺顿的年轻男子，他正在高科技领域努力创业，做的是由计算机操控的假肢装置。诺顿说：“我们迫切需要一个动手能力强，擅长解决理论问题的人。”这正是红色/蓝色性格的托比所渴望的!

托比承诺：“我会给你发一份简历。”就这样，一个月之内，他以运营副总裁的身份加入了朋友的团队，发挥自己动手能力强、解决问题能力强、有响应力的优势。5年之后，公司被收购，托比卖了股票期权，赚的钱足够这辈子花了。

政治觉悟——会说话

色商系统很有价值的部分在于掌握各个颜色性格者的能力，如红色性格者本能的危机处理能力、金色性格者细致具体的思维和行政管理能力、蓝色性格者在保证自身利益前提下的战略思考能力。我们应该把令人恼怒的同事转变成自己强大的政治同盟。

绿色性格者。红色/蓝色性格的维恩说：“我的同事珍妮（绿色性格者）认为，如果我们把销售和客服合并，获得最佳的客户满意度，就可以在3年之内把公司的营业额翻一番。但是她根本没有考虑我们公司和竞争对手之间现有的价格差异。”

绿色性格者是四个基本色商性格类型中最以人为本的。作为红色/蓝色内向性格者，你的类型可能会激怒绿色性格者，因为你过于专注逻辑、目标和当下，不关注愿景和长期结果。你们都喜欢在决策前尽可能坚持自己的观点，但是绿色性格者会综合考虑周围同事的情绪反应，而你只关心事实。出现危机时，你不喜欢亲力亲为或扶植别人。因此，你的做事风格在绿色性格者看来有点迟钝，对他人不屑一顾。绿色性格者不会与你针锋相对，但是他们很冷漠，不会支持你。

谈判策略

• 慢慢和绿色性格者建立融洽的关系。因为你更喜欢分享经历而非分享情绪，有时你并不在乎社交礼节，绿色性格者可以帮你消除因脱离群体而偶发的消极影响。

• 做决策时把他们的价值观考虑进来，确保他们在政治策略上认同你。

• 询问同事感觉如何。他们会给予你友好的回馈。

• 在办公室里至少和一个绿色性格者合作，让他加入你的团队。你不喜欢的合作，绿色性格者会很喜欢去负责。

• 要对绿色性格者的抽象愿景和长远思考保持耐心。这些特质可以为团队防患于未然，让你专注于项目中期修正和当下需要解决的危机。

蓝色性格者。雪莉（红色/蓝色性格者）说：“我的老板泰勒先生（蓝色/金色性格者）召开紧急会议，我只有15分钟的准备时间，结果，他因为我的‘临场发挥’对我发火了。”

对红色/蓝色内向性格者而言，蓝色性格者基本没有协作意识，似乎他们把全部精力都放在制定策略上，而根本不关心当下工作的执行。你的性格类型会惹怒蓝色性格者，因为你关注的现实社会的状况与整体策略冲突。你需要放慢脚步，解释一下为什么你的计划也行得通，你欢迎他的质疑。如果你在毫无准备的情况下参加会议，蓝色性格者会以批评和质疑咄咄相逼。这种猛烈的攻击迫使红色/蓝色性格者开始思考当下问题，而非长远战略。蓝色性格者会以你“没有能力”反抗他人或“没有能力”获胜为出发点来评价你的关注点是否有意义。如果你招架不住蓝色性格者的诸多问题，千万不要认为这是针对你的，不要认为这是对你的威胁。其实，这是一种恭维，这是蓝色性格者对你的想法表达兴趣的方式。

谈判策略

·用词简短、简洁。

·使用“如果……那么……”句式，效果会很不错。

·想清楚怎么回应，说出你的长远打算：“如果我今天这么做，那么六个月后会是怎样的局面。”“从战略层面来看，我认为这个问题……”

·调整你的措辞，使用理论、行话、数据和专业术语。用几个长期效益的例证来证明你的提议有价值。运用你的聪明才智、逻辑推理能力和幽默感来阐述自己的观点。

·展现你的能力。蓝色性格者迫使你内心强大，所以事先做好准备，他们需要看到你的能力。

·不要表现得情绪化。蓝色性格者是十足的无感情批判思维。

金色性格者。“奥诺（金色性格者）都让我抓狂了，”海克特（红色/蓝色性格者）说，“我已经完成自己的项目了，然后她又让我重新做了一遍。她的报告是完美了，可我足足多工作了3个小时。其实，这报告最终也就是堆在文件堆里积灰尘没人在意的。”

金色性格者是你的克星。他们是规则制定者，是世界程序的制定者，在他们的管理要求下一切工作都会变慢。但是为了提高效率和效益，金色性格者需要合理的安排。你非常讨厌金色性格者一步一步按规章办事，或者提前规划好一切，给你一种被禁锢的感觉。当你工作拖延或开会没有准备好时，金色性格者会第一个冲上来指责你。然而，他们在危机情况下也会措手不及，需要你的才华来帮助他们解决危机。作为交换，他们会管理好你的办公室、项目和企业，把效率最大化。

谈判策略

· 为了缓解紧张局面，说话时多使用“事实”“传统”“受人尊敬”和“证明”这些词。对于变化、中期调整或危机，轻描淡写即可。

· 你喜欢具体的词汇和实际任务，你得处理好这两个偏好，注意观察细节。

· 每天在低压环境下，花上几分钟进行自我指导，了解投资、成本、时间表和预算之类的词汇。

· 认可并且赞扬他们高超的细节处理能力。

· 通过不懈努力在最后期限前完成任务，实现诺言。如果可以借助他人的帮助完成任务，永远不要轻易改变计划或食言。

外向性格与内向性格

如果之前的建议都没有起太大作用，那么说明你的同事是外向性格者。在这种情况下：

·你或许难以理解为什么他们时时刻刻都需要有人围在身边，他们为何享受这种喧闹的氛围。你需要尊重他们，切忌挑战他们，因为他们的充电方式是与他人交流——正如你需要独处的时间一样，他们需要这种交流。

·建议你多问问题，多分享自己的故事。

·建议你多多聆听，但也要记得常打断他。

·建议你主动帮他们处理一些需要独自完成的工作。他们的感激会让你有所收获，独处的时间也是你需要的。

根据前面的描述，你了解了所有的同事吗？若想进一步了解所有的性格类型，可以阅读有关色商性格类型的全部章节，然后阅读第二十五章《适应其他工作环境类型》。

· · ·

总之，红色/蓝色内向性格者保守、独立，不喜欢说话，喜欢做实事。你会因为好奇心和冲动去做事，你的细致入微的观察力可以帮助你。真实的事物和有形产品是红色/蓝色内向性格者真正喜欢的工作内容。在商务和金融领域，你如鱼得水，能高效地探索事实，挖掘数据，有“让我放开了一搏”感觉，把这些优点相结合应用到新的策略里会让你大展宏图。

总之，红色/蓝色内向性格者必须持续平衡逻辑思维与同情心，他们需要周围的同事尊重自己的隐私和独处的要求。

第十三章　红色/绿色外向性格

你不仅仅具有红色性格，你的性格中也透露出强烈的绿色性格特征，即第二性格。经测试，你的色商为外向型，这意味着你为自己充电时喜欢与他人相处而非独处。你的性格类型约占世界人口的8%。

因为性格外向，太长时间独自工作会让你感到不安。你会创造多样性，多加行动，即使这些行为会引起骚动。告诉领导你需要多一些自由和人际交往的机会，有助于你提高工作效率。

你读这本书可能只是为了让别人开心。你会发现这章节大部分内容可以证实你的为人，如果没有，请再测一遍。本章节也会为你提供一些可以和同事尝试的活动、工具和实验。

首要激励因素

在求职和面试时，应争取一些真正激励自己的工作环境激励因素，如：

· 可以解决实际问题的机会，通常这些问题会造成的影响是显而易见的。

· 多样性，多行动。

· 有处理危机（这点你很在行）或分析解决问题的责任。

· 能结识新朋友，与大家分享经历。

· 在工作中有幽默感，常有庆祝阶段性成就的机会。

企业文化——寻找最优匹配

寻找或者创造最优工作环境是所有性格类型人的责任。不同色商性格类型的最优文化氛围不同，一家公司的优势放到另一家公司或许会变成劣势。企业文化本身可能不会功能失调，比如，金色性格者讨厌红色性格者喜欢的东西。冲突、削弱的优势、怨恨及挫败感都是文化匹配不成功的表现，倘若你了解自己的喜好，就可以避免这些问题。

红色/绿色外向性格者最喜欢的工作环境具有以下特点：

· 各种各样刺激的危机与变化。

· 适应性强、友好的、有趣的同事与团队。

· 快节奏的短期项目与对应的奖励。

· 用专业知识提供切实的帮助。

· 舒适、具有吸引力的工作环境。

· 行动自由、文案工作少、监管松。

· 可以独自处理自己所观察到的事务，允许一定程度的违反规则。

如果你认为以上这些点显然与自己匹配，那说明你的测试结果正确。与金色/蓝色内向性格者的理想工作环境对比一下。

红色/绿色外向性格者最不喜欢的工作环境具有以下特点：

· 长期项目，为未来可能发生的事情过度筹划，反而忽略真正的问题。

· 领导爱发号施令，固执己见。

- 等级观念强，烦琐的会议和备忘录导致行动缓慢。
- 细节多，反反复复的任务、规则和程序。
- 日程紧，无掌控感（禁止你采取行动）。
- 同事没有幽默感，工作氛围过于严肃。

经营管理现状，塑造个人形象

红色/绿色外向型性格管理者最重要的任务之一是建立他的执行声誉，或者说“品牌形象”。塑造个人形象很有必要，你自己会获得实实在在的益处，而且在必要的时候也可以营销自己。

红色/绿色外向性格者在塑造个人领导形象时应该利用好自己的优势，如掌握局势，相信自己的直觉，进行有效的谈判，在充满危机和变化的时期依然能够完成目标。

身为管理者，你懂得放权，可以全身心投入工作。你现在甚至都不想继续读下去了，想直接开始工作！这是打造行动上的个人形象。以下是你在塑造个人形象时需要注意的其他行为：

- 可以排除故障，收获他人的信任。
- 识别并且重用下属和高级职员的能力。
- 有保障的冒险，利用你项目中期修正计划方向的天赋。
- 用幽默缓解紧张的氛围，推动工作进程。

这也说明，你不是很迫切地想去管理一个大型的机构。当你待的部门发展到了一定的规模，你会考虑换一个小点的工作部门。

案例一：两位红色/绿色外向型性格的成功人士

先说说史蒂夫吧，他是一位投资银行家，很享受这份快节奏的工作，这份工作给他带来很多快乐。作为红色/绿色性格者，他很有艺术天赋。然而，要供四个孩子上大学，辞去这份工作不是什么明智之举。一次偶然的机会，他发现自己有制作珠宝的天赋，这次他终于找到释放自我的方式了。他会在周末做一些珠宝，把它们放在网络上展示，他还把自己的作品供应给长岛社区（Long Island Community）的一家小店卖。他把工作、生活、爱好平衡得很好，如今他既可以满足自己的财务需求又可以满足自己的创意需求。

休·海斯勒，就职于海斯勒费尔德曼麦考密克加罗公司

海斯勒是红色/绿色外向性格的律师，他绿色性格的一面促使他鼓励社会变革，他红色性格的那一面赋予他打赢案子的能力。这些技能至关重要，因为海斯勒没有向客户收取任何费用。海斯勒解释说："我们为曼彻斯特地区的低收入客户提供免费的民事法律事务陈述。"他的性格特征不仅体现在无偿服务上，还体现在生活、工作的方方面面。他经营海斯勒费尔德曼麦考密克加罗公司有16年了，和5个合伙人一同处理"律师费转移规定"相关的案子。当另一方付费时他们才能赚钱……当然前提得是赢了案子。为了表彰他们，该公司频繁拿大奖，如马萨诸塞州最高法院颁发的约翰昆西亚当斯公益奖（*the John Quincy Adams Pro Bono Publico Award*）。

红色性格者在高压下依然可以正常工作，但海斯勒却因为这个差点没当成律师。他先后拿到大学文凭和法学院毕业证，前后相差一天，估计也就只有红色性格者能做到。海斯勒说："我完成了所有大学课程，但是没有完成学位论文。当时我快结束法学院课程了，我觉得还是加快进度比较好。于是，我联系了我的教授征求他的意见，他让我把论文完成，完成文字工作。我照做了。"

海斯勒坦言："我喜欢在谈判过程中互相博弈，做出让步。"这是红色性格者的典型特质。“很多结果都是在不断的谈判和调解中达成的。但是我们也是活跃的出庭律师，我享受在法官面前拿出法律证据的感觉。”

海斯勒把自己身为红色性格者具有的调解能力发挥在办公室和法庭上。“我通常是那个别人找来解决冲突的人。我试图找到共同点，让工作和生活都充满乐趣，一直处于积极和轻松的状态。”

融入团队，打造优质高效团队

在团队里，你幽默风趣，做事效率高，有团队协作精神，你是现实主义者，更是解决问题的专家、娴熟的谈判家及出色的资源管理者。红色/绿色性格者的独特天赋有：

- 让矛盾双方达成一致观点。
- 保证会议切合主题。
- 发现新契机。
- 给团队带来刺激。

交流方式

你只需要调整措辞，顺应其他颜色类型的性格，就可以改变局面，带来极其积极的影响。“主观分析与客观分析”“理论与实践”“循规蹈矩与灵活处理”这三组矛盾是绝大多数职场冲突的根源。如果能够“转变风格”，你就可以在磋商谈判、管理和面试过程中获得较大的竞争优势。

你着眼于“现在”，才思敏捷，做事说话直接，不会在他人背后耍心机。你能说到点子上，并付诸行动。你更喜欢用的词语：“刺激”和

“兴致”。和你拥有某些相同性格特征的绿色性格者更喜欢抽象的概念和隐喻的手法，常强调“价值观”“人际关系”“感受”和“友好”这些词语。然而，蓝色性格者倾向于使用理论、行话、数据和专业术语。金色性格者则常把“事实”“传统”“受人尊重”和“证明”等词语挂在嘴边。

众所周知，红色/绿色性格者为人圆滑、热情、幽默。你会与他人分享自己的故事和发展融洽的关系来说服他人。转变风格对你来说意味着更多地关注他人的情绪、策略和规则。你总能找到同事喜欢的风格，让他们开怀大笑。当你因规则或抽象思维受阻时，试着去理解那些强加于你的人的担忧，寻求解决方案。

盲区

红色/绿色性格者普遍存在以下这些盲区，或许只有一些对你适用：

- 几乎没有大局观。
- 强调短期与长期。
- 速战速决。
- 过于看重字面意思，往往忽略深层含义。
- 不尊重规则、权威、义务和最后期限。
- 被要求遵循程序或被追究责任时易情绪激动、发怒。

引发疲劳和冲突的压力源

让红色/绿色外向性格者产生压力和疲劳感的工作环境包括：

- 独自工作。
- 不作为。
- 投机，做长远打算。
- 缺乏与专业人士等的人际关系。
- 没有足够的选择空间。
- 同事不灵活、不切实际、挑剔、举棋不定。
- 财政方面的束缚多。

在极端压力下，红色/绿色外向性格者会对未来持有悲观态度，适应能力退减，犹豫不决。建议你和领导谈谈，多争取一些参加活动的机会。

自我指导，探寻高效工作关系

若红色/绿色外向性格者可以更自如地应对规则、长期策略，多考虑他人的情感，会因此受益颇丰。

求解与决策

红色/绿色外向性格者有以下优势：

- 在高压环境下反应迅速。
- 观察透彻，能看清局势。
- 相信自己的直觉并能跟着直觉走。
- 有效地协调各方，甚至可以越界做事。
- 利用自己的幽默来缓解紧张局面。

遭遇挑战时提高效率的策略

人与人之间的挑战会削弱生产力。以下是你可能会面临的重大挑战及相应的自我调整策略：

· 反对条条框框和官僚体制。你认为提出问题并且为之行动是有价值的。当公司或团队的组织结构阻碍合理的解决方案时，你会恼火。你可以与运营系统的金色性格者交好，发展一些能够帮你实现目标的盟友。

· 必须单独工作。你可以把这种任务委托给性格内向的同事，他们会感激你给他们独处的时间！提出要求在开放的环境下工作。

· 失去自由，被束缚。你总是选择性地无视阻碍你的同事。但即便是最细小的工作和细微的破坏最终也会影响到你的职业发展。相反，工作遇到困难，你可以在午餐期间到健身房运动一下，让自己重新精神焕发。为自己争取更多的自由，建议你使用本书说服公司，因为你获得自由后公司也可以从中获益。

· 必须制定长期策略或预算。不要操之过急，一步步来完成这些任务，定期参与休闲娱乐活动奖励自己。登山、赛车、跳伞、深海潜水、冲浪、旅游、听音乐、跳舞——任何对你有益的活动，放开去做！

· 没有决策控制权。角色扮演，最好是跟现实、以决策为导向的蓝色性格者一起，这样效果会好一些。和境况相似的人交谈，探讨实际的解决方案。

· 受他人情绪影响，误导自身逻辑判断。找一个绿色性格者做自己的导师。用“如果……那么……”的句式，例如“如果他这样想，那么他就会那么做”。

应对挑战的时候，摸清事实，化悲观情绪为务实精神。避免需要长期决策和计划的工作。年轻的红色/绿色外向性格者常频繁跳槽，直至找到平衡点——既有足够的自由，又有解决危机的工作环境。

案例二：当你在职场穷途末路时

作为6位数薪资的知名保险公司风险管理人，布鲁斯·格雷戈里的职业发展看起来很不错——从表面看来。

布鲁斯是喜欢危机的红色性格者，对他而言，在设备完善的办公室里待着简直无聊透顶。他对自己的工作再熟悉不过，而且做得非常好。自己就像是一个保姆看护着乖巧的数字，而不是充满活力的风险管理者。是时候做出改变了，然而金手铐总是很难挣脱。在工作日的晚上和周末修理1960年保时捷356是他释放压力的唯一方式。

一天早晨，布鲁斯看到一个车行展厅外挂着红色的出售标志，就是自己买保时捷的这家复古车车行。他猛地一刹车，感觉浑身肾上腺素激都飙升了。他十分激动，跑去和车行行主谈了谈。

两个月后，虽然他有实力购买这家车行，但他并没有选择购买，而是租用了这间车行。他白天依然在保险公司上班，平时和机械师主管共同管理车行。车行合作生意激励了布鲁斯的斗志，反而可以继续坚持在保险公司上班了，至少可以坚持到6年后退休。这种激励对红色性格者来说非常必要。

政治觉悟——会说话

色商系统很有价值的部分在于掌握各个颜色性格者的能力，如红色性格者本能的危机处理能力、金色性格者细致具体的思维和行政管理能力、蓝色性格者在保证自身利益前提下的战略思考能力。我们应该把令人恼怒的同事转变成自己强大的政治同盟。

绿色性格者。鲁百（红色/绿色性格者）抱怨说："如果光动嘴就可以克服竞争带来的挑战，哈利（绿色性格者）上个月就能把问题解决掉。他不停地问顾客会怎么反应。我建议他设计一个试点项目，把新的测试版本设计弄出来，然后就知道该怎么办了！"

绿色性格者是四个基本色商性格类型中最以人为本的。绿色性格者的抽象愿景和长远眼光在你看来或许不重要。红色性格者可能会激怒绿色性格者，因为你注重逻辑、细节和当下的事，不关心长远之计和人际关系。绿色性格者会因为你无法表达自己的感受而恼怒，他们在你之前就看出来了！但是出现危机时，你不喜欢亲力亲为。这种做事风格在绿色性格者看来有点迟钝，不够重视。当然，绿色性格者不会与你针锋相对，但是他们会变得很冷淡，不再支持你。你可以让绿色性格者帮你在私底下沟通事务，这有助于你取得成功。

谈判策略

· 要对绿色性格者的抽象愿景和长远思考保持耐心。这些特质可以为团队防患于未然，让你专注于项目中期修正和当下需要解决的危机。

· 询问同事感觉如何。他们会给予你友好的回馈。

· 如果你想让他们着眼于当下，需要一步步指示给他们看，因为绿色性格者都是以未来为导向的，只会偶尔关注当下的事。

· 做决策时把他们的价值观考虑进来，确保他们在政治策略上认同你，用"如果……那么……"的句式跟他们沟通。

· 坚持自己的意见。当你分享自己或好或坏的感受时，绿色性格者最开心了。出于某些考虑，你可能不会坚持自己的主张。勇敢地冒险吧，绿色性格者会给你带来丰厚的回报。

蓝色性格者。红色/绿色性格的尼克抱怨说："蓝色性格的杰森和我是很好的搭档——通常情况下。他负责思考，我负责做事。但是他很讨厌我在项目中期提出的一些修正的解决方案。"

对红色/绿色外向性格者而言，似乎蓝色性格者的全部注意力都在制定策略上，而根本不关心当下工作的执行。红色性格者关注现实社会，与整体策略冲突，所以会惹怒蓝色性格者。你需要放慢脚步，解释一下为什么你的计划也行得通。蓝色性格者会告诉你如何避免犯其他人犯过的错。如果你在毫无准备的情况下参加会议，蓝色性格者会以批评和质疑咄咄相逼。这种猛烈的攻击迫使红色/绿色性格者做长远打算。蓝色性格者会以你"没有能力"反抗他人或"没有能力"获胜为出发点来评价你的关注点是否有意义。如果你招架不住蓝色性格者的诸多问题，千万不要认为这是针对你的，不要认为这是对你的威胁。其实，这是一种恭维，这是蓝色性格者对你的想法表达兴趣的方式。

谈判策略

• 用词简短、简洁。

• 使用"如果……那么……"句式，效果会很不错。

• 事先想好怎样的回答可以展现你更长远的打算："事实上，我觉得这个问题……""如果我们今年的预算只有十万美金，那么哪些额外的资金可以用来应对危机呢?"

• 调整你的措辞，使用理论、行话、数据和专业术语。用几个长期效益的情况来证明你的提议有价值。运用你的聪明才智、逻辑推理能力和幽默感来阐述自己的观点，这对你来说相当容易。

• 证明你的能力。蓝色性格者迫使你内心强大，事先做好准备；他们需要看到你的能力。

·不要表现得情绪化。蓝色性格者是十足的无感情批判思维。

金色性格者。“这个销售展示的稿子我都做了几个小时了，”克里斯蒂娜（红色/绿色性格者）说，“我需要五分钟自由时间回答客户的问题；有时候你不得不脱稿，但是又不能偏离主题。之后，在我们的规划讨论会上，斯都（金色性格者）完全无视我的努力与工作，批评自由回答环节！我真的气坏了！”

金色性格者是你的克星。他们是规则制定者，是世界程序的制定者，在他们的管理要求下一切工作都会变慢。但是为了提高效率和效益，金色性格者需要合理的安排。你非常讨厌金色性格者一步一步按规章办事，或者提前规划好一切，这给你一种被禁锢的感觉。当你工作拖延或开会没有准备好时，金色性格者会第一个冲上来指责你。然而，他们在危机情况下也会措手不及，需要你的才华来帮助他们解决危机。作为交换，他们会管理好你的办公室、项目和企业，把效率最大化。

谈判策略

·为了缓解紧张局面，说话时多使用“事实”“传统”“受人尊敬”和“证明”这些词。对于变化、中期调整或危机，轻描淡写即可。

·你喜欢具体的词汇和实际任务，尽管使用就好。

·每天在低压环境下，花上几分钟时间进行自我指导，了解投资、成本、时间表和预算方面的词汇。

·认可并且赞扬他们高超的细节处理能力，凭借自己缜密的细节观察能力给他们留下深刻的印象。

·通过不懈努力在最后期限前完成任务，实现诺言。倘若可以借助他人的帮助完成任务，永远不要轻易改变计划或食言。

外向性格与内向性格

如果之前的建议都没有起太大作用，那么说明你的同事是内向性格者。在这种情况下：

· 你或许难以理解为什么内向性格者不喜欢交流，为什么他们更喜欢独自工作。其实，这不是个人问题，你只需要尊重他们的性格特征，不挑战他们。他们需要足够的私密空间为自己充电。

· 降低你的热情，多倾听。

· 请他们讲出自己的想法，但是在他们想清楚问题之前不要强迫他们讲出来。

· 别在他们停顿时插嘴。

根据前面的描述，你了解了所有的同事吗？若想进一步了解所有的性格类型，可以阅读有关色商性格类型的全部章节，然后阅读第二十五章《适应其他工作环境类型》。

• • •

总之，红色/绿色外向性格者是一群有趣、活泼、充满正能量的人，你们总能看到生活中更阳光的一面。身边有很多人时或者需要同时处理多个活动时，是你工作状态最好的时候。

你既现实又务实，只相信自己的亲身经历，并且接受身边的人和事的本质。你尝试着去了解他人而不是掌控他人。所以，你很擅长调节冲突双方的关系，让他们达成一致的看法。

你可以采纳本章节提供的一些协调策略，下次跟同事或朋友一起工作时尝试一下！

第十四章　红色/绿色内向性格

你不仅仅具有红色性格，你的性格中也透露出强烈的绿色性格特征，即第二性格。经测试，你的色商为内向型，这意味着你倾向的充电方式是独处而非与他人相处。阅读本章节的红色/绿色内向性格者很可能是受人之约或是想取悦他人。本章提供了可以与同事一同体验的活动、工具和实验，不仅有趣，更有详细的步骤供你参考。

首要激励因素

最主要的激励因素包括：

- 遵从内心价值观。
- 行动自由和有做决定的自由。
- 在幕后工作，可以提高效率，产生积极的效果。
- 工作内容有多样性、灵活度，可以探索。
- 环境和谐。

作为一个内向性格者，你在开放的办公空间做事效率低，小规模的和谐团队最适合你。你关注他人的福祉，需要独处的时间为自己充电。红色/绿色内向性格者仅占世界人口的8%，然而你们强大的内在价值观影响了整个社会及文化。

企业文化——寻找最优匹配

寻找或者创造最优工作环境是所有性格类型人的责任。不同色商性格类型的最优文化氛围不同，一家公司的优势放到另一家公司或许会变成劣势。企业文化本身可能不会功能失调，比如，金色性格者讨厌红色性格者喜欢的东西。冲突、削弱的优势、怨恨及挫败感都是文化匹配不成功的表现，倘若你了解自己的喜好，就可以避免这些问题。

红色/绿色内向性格者最喜欢的工作环境具有以下特点：

- 文案工作少和监督不严格。
- 私人办公空间。
- 互助、有礼貌的同事。
- 工作内容是有形产品，有立竿见影的工作效果。
- 老板懂得放权，为下属提供灵活性和安全感。
- 能够快速应对偶然发生的危机。

如果你认为以上这些点显然与自己匹配，那说明你的测试结果正确。与金色/蓝色外向性格者的理想工作环境对比一下。

红色/绿色内向性格者最不喜欢的工作环境具有以下特点：

- 违背内在价值观。
- 强调战略性的长远思考。
- 微管理环境，员工无法掌控时间，不能做决定，没有隐私。
- 同事吵闹、挑剔、好斗，工作环境充满无休止的斗争。

·过于约束、死板的工作环境，不鼓励幽默的氛围，不重视细节。

经营管理现状，塑造个人形象

红色/绿色内向型性格者最重要的任务之一是建立他的执行声誉，或者说“品牌形象”。塑造个人形象很有必要，你自己会获得实实在在的益处，而且在必要的时候也可以营销自己。塑造个人形象需要切实的行动。

红色/绿色内向性格者在塑造个人领导形象时应为员工树立良好的榜样，激发他们的动力。你在多变或危机时期的表现让人敬佩，相信自己的直觉，准确地发现问题，实施相应的解决方案。

你对人这一因素很敏感，非常擅长控制会议的时间和内容，在你的掌控下，会议总能简短、切题。你应该根据自己的喜好加入管理层，即便非领导者也要与大家一起协作。

案例一：红色/绿色内向型性格者中的成功人士

克里斯托弗·L. 达顿，就职于佛蒙特州电力公司

红色/绿色内向型性格者克里斯托弗·达顿是大集团佛蒙特州电力公司（VELCO）的总裁兼首席执行官。在此之前，他曾担任绿山电力（Green Mountain Power）总裁兼首席执行官，同时还是俄亥俄州坎顿市的执业律师。

克里斯托弗拥有创造性思维，关心公共事业的商业抉择对社会及人们的影响，这些成就了现在的他。佛蒙特州电力公司的董事会主席罗伯特·克拉克（Robert Clarke）这样评价达顿，他是“全美公认的具有创新思维且考虑周全的领导者”。

克里斯托弗的职业生涯始于辩护律师。他热爱自己的工作，因为“每个案件都是不同的”。红色/绿色内向性格渴望挑战和非重复性的工作，特别是当他们可以影响到个人。后来，他又通过自己的志愿工作，为人们带来积极的影响，他的志愿工作十分庞大——曾担任奇滕登郡联合之路（the Chittenden County United Way）和弗林表演艺术中心（the Flynn Center for the Performing Arts）的主任、佛蒙特电讯管理局（the Vermont Telecommunications Authority）的主席，自1997年以来，一直担任佛蒙特电力公司董事会成员。

约翰·索耶，就职于纯恩资源

红色/绿色内向性格者忠于使用工具，他们可以快速掌握工具的使用方法。20世纪70年代，约翰·索耶发现自己很快就学会使用公司的第一台计算机，还可以教会其他同事。当程序员在项目中期走失时，约翰可以接替程序员完成任务。两年后，他加入了一家软件供应商公司。如今，他为企业应用程序用户提供专业的技术支持；周末时，他担任自己的公司纯恩资源的Web开发员工，负责内容管理系统WordPress。

“我擅长的领域是计算机问题故障诊断和软件问题，”约翰说，“我善于向非技术用户解释技术信息，还很善于简化复杂的信息。”

约翰是非常典型的红色性格者，最后期限总让他倍感压力。为了缓解这一压力，他与当地的一家动物收容所合作，“总是与自己收留的三只狗待在一起消磨时间”。红色性格者对动物有一种不解的情缘。

至于未来？约翰回答说：“我没有太多的规划，只是希望过好每一天。”这是很典型的红色性格者的回答。

融入团队，打造优质高效团队

红色/绿色内向型性格者是高效率的团队成员，富有责任感，能够有效地整合人力资源等，为工作环境带来很多欢乐。你们注重和谐，能够有效地调节同事间的关系，以适当的幽默缓解紧张气氛。你喜欢简化工作，节省时间，解决真正的问题，而不是无休止地卷入权力的游戏当中。当冲突出现时，你通常是团队最能明辨是非的成员。

交流方式

你只需要调整措辞，顺应其他颜色类型的性格，就可以改变局面，带来极其积极的影响。“主观分析与客观分析”“理论与实践”“循规蹈矩与灵活处理”这三组矛盾是绝大多数职场冲突的根源。如果能够“转变风格”，你就可以在磋商谈判、管理和面试过程中获得较大的竞争优势。

红色/绿色内向性格者会收集各方面的信息，提出问题，切中要害，建立融洽关系固然重要，但是你更注重执行力，不会讲空话。你更喜欢用与行动相关的动词，如“刺激”和“兴致”。和你具有某些相同性格特征的绿色性格者更喜欢使用抽象概念和隐喻、类比等手法，常强调“价值观”“人际关系”“感受”和“友好”这些词语。蓝色性格者倾向于使用理论、行话、数据和专业术语。金色性格者则常用“事实”“传统”“受人尊重”和“证明”等词语回答他人的提问。

红色/绿色内向性格者是冷静、安静的倾听者，你们关注的是当下，可以记忆大量细节信息。你会与他人分享自己故事来说服他人。转变风格对你来说意味着更多地关注他人的情绪、策略和规则。你总能找到同事喜欢的风格，强调与同事的相似之处。当你受阻时，试着去理解那些强加于你的人的担忧，寻求解决方案。

盲区

红色/绿色内向性格者普遍存在以下盲区，或许只有一些对你适用：

- 同时承担太多任务，导致对工作失去兴趣。
- 行动前考虑太多。
- 无法有逻辑地进行争吵。
- 太容易相信他人，不愿质疑他人。
- 不尊重规则、权威、义务和最后期限。
- 无法预见长远结果。

引发疲劳和冲突的压力源

让红色/绿色内向性格者产生压力和疲劳感的工作环境包括：

- 领导有控制欲，挑战你的内在价值观。
- 只考虑长远目标时，难以做抉择。
- 需要与他人交流。
- 较多常规工作、重复性工作和细节工作。
- 不尊重个人隐私。

在极端压力下，红色/绿色内向性格者常常反应过激或感到困惑，无法集中注意力。有时候，你们会自我批评；有时，你们又会反应迟钝或说教他人。在闲暇时间，你会担心最坏的情况出现，或因情绪上的消耗变得孤立。

自我指导，探寻高效工作关系

红色/绿色内向性格者自我调整的首要关注点是凭借自我优势和自信，调整内在价值观。

求解与决策

红色/绿色内向性格者应该利用自己的优势，比如：

· 与长远挑战相比，更愿意解决当下的问题。

· 发现问题，寻求务实的解决方案。

· 在价值观和务实之间寻找平衡点。

· 遵循程序，增强适应能力。

· 一旦考虑周全，快速做决定。

遭遇挑战时提高效率的策略

人与人之间的挑战会削弱生产力。以下是你可能会面临的重大挑战及相应的自我调整策略：

· 反对条条框框和官僚体制。你认为提出问题并且为之行动是有价值的。当公司或团队的组织结构阻碍合理的解决方案时，你会恼火。在系统内工作，发展一些能够帮你实现目标的盟友。

· 坚强点，有所让步。当他人从逻辑出发说服你时，你会质疑自己的直觉及判断。如果你的直觉告诉自己应该坚持自我，那么就从正反两方面据理力争。

• 必须在大规模团队或开放的办公空间工作。提出要求在小规模团队工作。为自己争取私人工作空间……否则，你永远不会有满足感。

• 抵触他人的更正。让针对你的人表现得积极些；把你的愤怒转移到非脑力运动上，如去运动场运动一下。

• 成为大家关注的焦点。他人的关注会让你觉得不自在，或者弱化你的优势。但是职场的成与败就在于这些瞬间。多加练习，回答他人时展现出自信的一面，避免错过机会。

• 必须做长远计划或做出抉择。在这点上你需要勤加练习，因为长远打算并不是红色/绿色性格者的天赋。从“如果……那么……”模式的陈述开始练习，考虑每天、每周、每月、每年乃至未来的计划。找蓝色性格者做自己的导师。

应对挑战的时候，身体保持活力或者寻找新的方式让自己随时保持精力充沛。长距离游泳或跑马拉松，把关注点重新放在自己的价值观上。你需要时不时地降低帮助他人的热情，满足一些自身的需求。把自己对隐私和思考的需求放在首位。

案例二：当你在职场穷途末路时

蒂姆·R. 是一位复古摩托车修理师，因为“宁愿在那个年龄做辛苦的体力劳动”，他从工程学校辍学，最终却取得十分成功的职业生涯发展，负责管理600多名工人的8 000万美元的建设项目。作为一个典型的红色性格者，他喜欢压力、危机和动手类工作。他说：“我喜欢从时间和成本上赚钱的项目。”一次摩托车事故导致他几个月必须卧床静养，他说：“我讨厌这样。”

核心价值是红色性格者的驱动力，红色性格者的生活从表现上看起来杂乱无章，但是核心价值是他们稳定的根本。蒂姆强烈地感觉如果只是为了在最后期限前完成任务，其实没有必要抄近路，应当公平、平等地对待工人。通常情况下，他不会多过问那些违反规定的事，超出承受范围时他会说："我只能把责任推给老板了，我的这个位置管不了。"作为典型的红色/绿色内向性格者，蒂姆往往是团队最有明辨是非能力的成员。

蒂姆的能力得到了大家的认可，从一系列的项目中挣了不少钱。一次偶然的机会，他认识了一名老木匠，老木匠认可蒂姆的建筑审美，这是英国最古老的建筑所需的。他告诉蒂姆："不要在意建筑本身，你应当做木匠。"老木匠没有付很高的薪水，但是这份工作给蒂姆带来很多其他方面的满足感。蒂姆在周围的森林里寻找材料，"就好像生活在18世纪，用手工工具做物件"。对红色/绿色内向性格者而言，和受人敬仰的老板一起工作，可以独立展现自己熟练的技能是非常有成就感的事。

蒂姆被诊断出患有癌症是他人生中的一个重大转折点，他被告知可能只有两年的寿命了。他回忆说："这让我开始思考自己真正想做的事。"他卖掉了房子开始旅行。他一直对复古摩托车的零部件制造很感兴趣，于是参加了机械师的培训课程。"但是在英国没有相关的工作，"所以他前往美国，并在美国买了一辆古老的印度摩托车。为了修复这辆摩托车，他拜访了美国首屈一指的印度修理师。蒂姆拜他为师，在他的修理店当学徒，"他总能给我建设性的批评与指正"。

作为典型的红色/绿色内向性格者，且受内在价值观的指引，蒂姆很满意自己现在的能力，在多数情况下他可以长时间独自完成任务，娴熟地做体力工作。他知道自己未来肯定不得不继续向前，他担心"自己或许需要一份真正的工作"。他一直以来受内心激情的驱使，反而不知道自己正是很多坐办公室的同龄人所羡慕的对象。

政治觉悟——会说话

色商系统很有价值的部分在于掌握各个颜色性格者的能力，如红色性格者本能的危机处理能力、金色性格者细致具体的思维和行政管理能力、蓝色性格者在保证自身利益前提下的战略思考能力。我们应该把令人恼怒的同事转变成自己强大的政治同盟。

绿色性格者。满心疑惑的罗伊说：“老板（绿色性格者）提醒我必须动完脑子再行动。我知道如何通过自己现在正在做的事去达到自己的目标！但是他说我必须想想未来。我觉得这根本没有必要，世事难料，每天都在变。”

绿色性格者是四个基本色商性格类型中最以人为本的。绿色性格者的抽象愿景和长远方向在你看来或许不重要。红色性格者可能会激怒绿色性格者，因为你专注逻辑、细节和当下，不关心长远之计和人际关系。绿色性格者会因为你无法表达自己的感受而恼怒，他们在你之前就看出来了！但是出现危机时，你不喜欢亲力亲为。这种做事风格在绿色性格者看来有点迟钝，不够重视。当然，绿色性格者不会与你针锋相对，但是他们会变得很冷淡，不再支持你。让绿色性格者帮你在私底下沟通事务，这有助于你取得成功。

谈判策略

- 要对绿色性格者的抽象愿景和长远思考保持耐心。这些特质可以为团队防患于未然，让你专注于中期修正和当下需要解决的危机。
- 询问同事感觉如何。他们会给予你友好的回馈。
- 如果你想让他们着眼于当下，需要一步步指示给他们看，因为绿色性格者都是以未来为导向的，只会偶尔关注当下的事。

·做决策时把他们的价值观考虑进来，确保他们在政治策略上认同你，用“如果……那么……”的句式跟他们沟通。

·坚持自己的意见。当你分享自己或好或坏的感受时，绿色性格者最开心了。出于某些考虑，你可能不会坚持自己的主张。勇敢地冒险吧，绿色性格者会给你带来丰厚的回报。

蓝色性格者。“花一个月的时间规划一个策划，这合理吗?”蓝色性格的伊莉莎批评道。红色/绿色性格的萨姆回复道：“当你最大的客户提出做出改变的意见时，难道不需要改变一下规划吗?”

对红色/绿色内向性格者而言，似乎蓝色性格者的全部注意力都在制定策略上，而根本不关心当下工作的执行。你关注的是现实社会而不是整体策略，这会惹怒蓝色性格者。蒂姆·R. 说：“我起草一个规划出来，再做些修改，我更擅长人员管理。”在蓝色性格者的眼里，策略很有必要，如果没有，他就会以批评和质疑咄咄相逼。这种猛烈的攻击迫使红色/绿色性格者做长远打算。蓝色性格者会以你“没有能力”反抗他人或“没有能力”获胜为出发点来评价你的关注点是否有意义。如果你招架不住蓝色性格者的诸多问题，千万不要认为这是针对你的，不要认为这是对你的威胁。其实，这是一种恭维，这是蓝色性格者对你的想法表达兴趣的方式。

谈判策略

·用词简短、简洁。

·使用“如果……那么……”句式，效果会很不错。

·回答要坚定、有效：“事实上，我觉得这个问题……”或者“如果你把客户关系放在第二位，那么我们应怎样处理客户销户这种情况呢?”

• 调整你的措辞，使用理论、行话、数据和专业术语。用几个长期效益的例证来证明你的提议有价值。运用你的聪明才智、逻辑推理能力和幽默感来阐述自己的观点。

• 展现你的能力。蓝色性格者迫使你内心强大，所以事先做好准备，他们需要看到你的能力。

• 不要表现得情绪化或被他们的逻辑吓到。蓝色性格者是十足的无感情批判思维。

金色性格者。金色性格的销售经理艾利克斯说：“你把太多时间和经费花在酒吧陪客户上。”销售代表迪尔克说：“先生，我基本都是在这种环境下完成交易的。”

要与金色性格者交好，协调好你的团队，你需要他们的细节管理能力。你更喜欢金色/绿色性格者，但金色/蓝色性格者的情况就截然不同了。他们比你独裁，比你没耐心，认为你的做事风格太软弱。红色/绿色性格者讨厌所有的金色性格者，因为他们过于关注对人们的影响，把问责和预算排在次要地位。这导致金色性格者总发号施令，批评人。他们中立客观的沟通方式很容易诱发冲突。如果一个金色/蓝色性格者挑战你，那么你只需要提出步骤明确的方案即可。在制定方案时，想象一下如何才能切实地帮到落实方案的人。

谈判策略

• 为了缓解紧张局面，说话时多使用“事实”“传统”“受人尊敬”和“证明”这些词。

• 把程序当作交谈的安全区，这样你就可以和金色性格者“一直聊下去”。尊重他们对结构和规则的需求。

·每天在低压环境下，花上几分钟进行自我指导，了解投资、成本、时间表和预算之类的词汇。

·认可并且赞扬他们高超的细节处理能力，尤其当你的一些细节工作由他们负责时。

外向性格与内向性格

如果之前的建议都没有起太大作用，那么说明你的同事是外向性格者。在这种情况下：

·你或许难以理解为什么他们时时刻刻都需要有人围在身边，他们为何享受这种喧闹的氛围。你需要尊重他们，切忌挑战他们，因为他们的充电方式是与他人交流——正如你需要独处的时间一样，他们需要这种交流。

·建议你多问问题，多分享自己的故事。

·建议你多多聆听，但也要记得常打断他。

·建议你主动帮他们处理一些需要独自完成的工作。他们的感激会让你有所收获，独处的时间也是你需要的。

根据前面的描述，你了解了所有的同事吗？若想进一步了解所有的性格类型，可以阅读有关色商性格类型的全部章节，然后阅读第二十五章《适应其他工作环境类型》。

· · ·

总之，红色/绿色内向性格者安静、务实、主动性强。你们会投身到可以以自己敏锐度和观察能力帮助到他人的领域。你们有耐心、灵活、随和，几乎没有控制欲。你们活在当下，不会提前规划好无关紧要的事情。当问题出现时，你们对自己的能力充满信心，相信自己可以处理好。

你因过于关注他人，往往忽略了自身的需要。现在让你读这本书的人应该会高兴了，你也该去做些有趣的事情奖励自己啦！一定要让他知道你读了整个章节（虽然我们都知道你刚才一定跳过了部分内容）。

第十五章　蓝色性格人群概况

蓝色性格人群是四类色商性格类型中人数最少的一类，约占世界人口的10%。如果你并非其中一员，但想知道怎样识别蓝色性格者，怎样与这种性格的人打交道，可参照本章结尾“识别具有蓝色性格的同事”提供的建议。

希拉里·罗德姆·克林顿，美国前国务卿

希拉里·克林顿不仅是全美最广为人知的蓝色性格者，她更是蓝色性格者战略职业生涯规划和一贯高成就的绝佳榜样。虽然没有直接接受过测试，但希拉里是蓝色性格者这一事实是迈尔斯—布里格斯研究领域公认的。作者索亚·泽奇本人与希拉里见过几次面并且也同意了这一分类。

希拉里出生于伊利诺伊州帕克里奇并在这里长大，她有主见、有决心，做事目的性强，这些全是蓝色性格者与生俱来的性格特征。她工作努力，学习成绩优异，在高中时曾获“全国优秀学生”荣誉（National Merit Scholar）。老师们也注意到她有一些很突出的能力——快速、准确地接受信息，能够充分阐明一个观点，但在获得新信息之后，她又会适时调整思想，这些是蓝色性格者具备的重要能力。

她在高三时就被评为最有潜力的学生。她在大学（担任韦尔斯利学生会主席和毕业典礼第一位学生演讲者）以及耶鲁法学院也同样取

得了极高的成就。她职业生涯中的第一份工作是弹劾调查尼克松总统的调查人员，这份工作往往从清晨一直工作到午夜，一周需要工作七天。蓝色性格者可以在自己感兴趣的事情上夜以继日地工作，即便是在严肃、紧张的工作氛围下他们依然可以正常工作，不会有太大压力。

那年夏天，希拉里的工作是帮助比尔·克林顿竞选阿肯色州议员，此时她对这位年轻向上的后起之秀产生了感情。竞选经理保罗·弗赖与这位年轻精明的女子在竞选策略上有所争执，他觉得这是他擅长的领域，后来承认："她确实是一位善于组织的天才。"

比尔·克林顿看到这些时他就明白希拉里还是自己命中注定的另一半，他们于 1975 年完婚。在 1979 年成为阿肯色州第一夫人之前，希拉里一直没有放弃自己的律师生涯。也是在这时，她开始关注妇女和儿童面临的问题；希拉里与朋友共同创办了阿肯色州儿童与家庭提倡者协会（Arkansas Advocates for Children and Families），并担任阿肯色州教育标准委员会（the Arkansas Education Standards Committee）主席。

1993 年，比尔·克林顿成为美国总统。作为美国第一夫人，希拉里协助策划一项国家卫生保健计划，最终，该计划未能在国会通过。此时，她又一次把目光投向妇女和儿童问题，带领两党共同努力，成立了儿童健康保险项目（the Children's Health Insurance Program），改善收养与寄养状况，减少少女怀孕现象。

2000 年，她当选为第一位代表纽约州的女性参议员，这是美国历史上首次前任第一夫人当选为美国参议员。希拉里希望通过经验的积累，一步步走向白宫，成为美国历史上第一位女性总统，为此，她曾在参议院军事委员会（the Senate Armed Services Committee），健康、教育、劳工和养老金委员会（the Health，Education，Labor，and

Pensions Committee)，环境与公共工程委员会（the Environment and Public Works Committee)，预算委员会（the Budget Committee）及老龄选委会（the Select Committee on Aging）任职，借此建立可信度。

这些任职的确为她赢得总统竞选增加了筹码。但是奥巴马最终赢得了大选，她被任命为美国国务卿。希拉里成为唯一一位担任总统内阁的前任第一夫人。她具有典型的蓝色性格，她制定计划将部门效能最大化，提出“巧实力”（smart power）这一概念指代具有全球领导地位且善用社交媒体进行全球交流的美国人。

作为国务卿，希拉里的工作具有极高的战略意义，在这里她既可以发挥自己与生俱来的天赋，又可以用到后天习得的良好技能。她为国务院驻外使团设定了具体的目标，设立了四年外交和发展审议（the Quadrennial Diplomacy and Development Review）以确保外交目标的实现。2010 年 9 月，她推出了饥饿倡议，积极投身对外提供食物的项目，把它作为美国外交政策的战略组成部分。

当希拉里辞任国务卿一职时我们几乎可以肯定一点，她将继续在国家政治舞台上发光放热。

菲利斯·哈伯曼，任职于白鹭资本合伙人有限责任公司

并不是所有的蓝色性格者都会像希拉里·克林顿一样取得极高的社会成就，但是他们通常具有极强的意念获得较高成就。菲利斯·哈伯曼取得了西蒙斯学院（Simmons College）的数学学士学位和哥伦比亚大学（Columbia University）的 MBA 学位。蓝色性格者通常学历都很高。在塞拉尼斯公司（Celanese Corporation）工作时，不论在哪

一个部门，她都是第一个且是唯一一个女性 MBA 学位获得者。后来，她在中间市场私募股权公司查克豪斯集团（Charterhouse Group）工作了 20 年。她不仅是查克豪斯投资委员会的成员，还是多家投资公司的董事和审计委员会成员。后来，她成立了自己的私募股权公司——白鹭资本合伙人有限责任公司，并担任天使投资人公司——金种子有限责任公司（Golden Seeds，LLC）的常务董事，该公司致力于投资由女性创立或领导的初创公司。有趣的是，希拉里和哈伯曼都对赋予女性权利持有长远的战略观点。

• • •

作为一个蓝色性格者，你可能会批评这本书的每一个观点，你更喜欢以理智而非情感方式处理问题。然而，如果你希望了解如何更好、更有效地与其他性格人士合作，当你尝试了所有办法依然没奏效时，你可以尝试本书提供的方法。

使用本书的最合理的方式是首先了解自己的特性，然后找到应对其他色商性格类型者的策略。如果你目前拥有或者打算创建公司，那么利用好四个基本性格类型者的优势将对你的成功起到至关重要的作用。第五章、第十章、第二十章是对基本性格的介绍，在章节结尾处你可以找到辨识其他色商性格类型的方法。如果你评估他人的能力有所进步，可以跳转至第二十五章《适应其他工作环境类型》，相应地微调人际交往策略。

识别具有蓝色性格的同事

外部环境线索

- 专业、保守、低调的高品质着装，袖子常常挽起。
- 通常拥有高学历。
- 展示奖杯或奖牌。
- 利用很多高科技手段和技术参考资料。

个人习惯——个人行为

- 很爱读书。
- 充满好奇心。
- 竞争性强。

个人习惯——措辞

- 感兴趣谈论策略或望眼未来的主题。
- 说话喜欢使用复合句式。
- 使用准确的词汇和抽象词汇。
- 快速、直接地表达想法。
- 拥有辩论才能，有时这一技能会令人生畏。
- 忽略反对意见，不在乎别人怎么看待自己。

如何与蓝色性格者打交道——“风格转化”建议

- 保持专业的人际关系及交流方式，攀谈有度，讲话简明扼要。
- 认可蓝色性格者的智慧。
- 使用复杂的词汇，展现自己的实力。
- 谈“大局”。
- 构建理论框架和呈现产品设计师的专业知识。
- 进行比较研究，带来创新性的进步。

- 限制事实和细节，总结现有要点，列出利弊及专家的看法。
- 探讨系统的长期潜力以提高效率。
- 运用智慧和逻辑分析能力，前后保持一致看法与说辞。
- 让蓝色性格者来挑战你、批评你、质疑你，要知道这表明他们对你感兴趣，并给予你反馈。蓝色性格者同样也希望你批评指正他们的看法。
- 参与竞争。
- 避免情感上的诉求与表达，如使用“感觉”或“相信”等表达；相反，问他们是怎么想的或怎么推断的。认同他们的公正感和逻辑，不采用外交手段；不夸大，不奉承。
- 与蓝色性格者一起制定策略，不要试图为蓝色性格者制定策略。

第十六章　蓝色/金色外向性格

你不仅仅具有蓝色性格，你的性格中也透露出强烈的金色性格特征，即第二性格。经测试，你的色商为外向型，这意味着你为自己充电时喜欢与他人相处而非独处。蓝色/金色外向性格者具有较强的逻辑思维，能力强，仅占世界人口的3%。你们集专业知识与创新能力于一身，成就极高。如果有足够的智慧和时间谋划，你们能够解决世上最困难的问题。

首要激励因素

因为性格外向，太长时间独自工作会让你感到不安。争取在开放的氛围中工作。你和同事一起做事，且这些同事得与你一样有能力且专注。辩论和批评是必需的，否则你的效率会变低。

在招聘和面试中，蓝色/金色外向型性格者的首要激励因素包括：

· 知识自由。

· 不断习得能力与专业知识的机会。

· 辩论和批评新理念、理论、流程及决策的能力。

· 有解决复杂问题或做战略规划的机会。

· 奖励逻辑思维、较强的工作能力与创新能力。

· 公平、公正的工作环境。

企业文化——寻找最优匹配

寻找或者创造最优工作环境是所有性格类型人的责任。不同色商性格类型的最优文化氛围不同，一家公司的优势放到另一家公司或许会变成劣势。企业文化本身可能不会功能失调，比如，蓝色性格者讨厌红色性格者喜欢的东西。冲突、削弱的优势、怨恨及挫败感都是文化匹配不成功的表现，倘若你了解自己的喜好，就可以避免这些问题。

蓝色/金色外向性格者最喜欢的工作环境具有以下特点：

• 同事能干、意志坚定、果断、享受竞争。

• 就分析、模型、理论、解决方案和改进等方面进行有逻辑的、灵活的辩论。

• 部署长期战略。

• 领导受人尊敬、程序少、上下级观念弱、文案工作少。

• 奖励做事果敢、有自主能力、以结果为导向、可以同时进行多项任务的员工。

• 有必要的技术、财务、人力资源。

如果你认为以上这些点显然与自己匹配，那说明你的测试结果正确。与红色/绿色内向性格者的理想工作环境对比一下。

蓝色/金色外向性格者最不喜欢的工作环境具有以下特点：

• 上下级观念根深蒂固，注重细节与实用性。

• 目标不明确，缺乏组织。

- 政策闭塞，隐瞒信息，拒绝调整决策。
- 同事敏感、情绪化或目光短浅。
- 多有情感类的讨论。
- 需要独自工作。

经营管理现状，塑造个人形象

蓝色/金色外向型性格的管理者最重要的任务之一是建立他的执行声誉，或者说“品牌形象”。你很擅长做这个，因为你拥有过人的谋划能力。它可以帮你在团队内部树立权威，而且在必要的时候你也可以营销自己。

蓝色/金色外向性格者在塑造个人领导形象时，应该利用好自己的优势，如谋划愿景，制定策略与计划，确保目标的实现。

你是一个称职的项目实施者，凭借能力和专业知识维护自己的领导力。坦率、直接、直观，你了解权利和权力的威力；你可以及时掌控内部团队的运作情况并迅速采取相应措施，即便在做出艰难决定时也是如此。这些能力会让你快速晋升。你以大局为重，可以在大的布局层面思考问题，因此，你在任何组织中都处于顶端地位，效率是最高的。你喜欢解决复杂问题和善于调动资源。效率低下、官僚主义和造成损失的同事会被你淘汰出局。你的手下会向你学习，出色地完成工作或直接离开团队。对于那些留下的员工来说，你是自信、公平、持之以恒的好榜样。

案例一：蓝色/金色外向型性格者中的成功人士

马克·W. 史密斯，任职于史密斯瓦利莱尔专业有限责任公司

马克·W. 史密斯对自己40岁之前取得的成就感到很自豪。他在华尔街创立了自己的律师事务所——史密斯瓦利莱尔专业有限责任公司。他是一位深受信赖、高知名度的诉讼律师，处理大型的、复杂的、商业案子，也处理个人的钱财、商务及权利等争端。他是《纽约时报》经济、法律、政治等版块4本畅销书的作者，他本人也经常在美国有线电视新闻网（CNN）和福克斯新闻（Fox News）上露面。史密斯具备典型的蓝色/金色性格者的优势：战略部署清晰、目标明确，有重点、标准高，工作努力。这些高标准时而也会暴露蓝色/金色性格者的弱点："我对一同工作的人很不客气——我的标准很高，如果他们无法达标，我会很沮丧。"史密斯建议："试着关注他人的需求和关注点，做一个理性、逻辑感强的人。当我们在高压下为大客户处理重大诉讼和冲突案子时，要尽量保证小团队的凝聚力。"如同大部分蓝色性格者一样，史密斯有长远打算。他说："我为我的律师事务所制定了长达3年的前景规划，我也为自己制定了长达几十年的规划。"他也很欢迎竞争："我是一个知识分子'佣兵'，我不喜欢失败。很多律师都是法学院的优等毕业生，而我是法学院里天资卓越的运动员。这是我与其他律师相比最大的竞争优势。"

融入团队，打造优质高效团队

蓝色/金色外向性格者在团队中会激励其他成员实现目标，特别是在你已经参与制定这些目标的情况下。如果你的团队面临着复杂的问题，你可能首先要有突破，给自己足够的独立思考时间。你是个外向的人，享受变化的过程，热衷于讨论解决方案。如果你不把他人的感受或价值观等因素考虑进来，就可能会遇到阻力。

任何一个拥有你的团队都是幸运的，因为你有热情、坚定，擅长同时处理多个任务，节俭资源，高效做事。

交流方式

你只需要调整措辞，顺应其他颜色类型的性格，就可以改变局面，带来极其积极的影响。“主观分析与客观分析”“理论与实践”“循规蹈矩与灵活处理”这三组矛盾是绝大多数职场冲突的根源。你的第二天性是可以像费昂娜·汤普森一样调整方式，这是你在进行谈判、管理和面试时的独有优势。

你直言不讳，有激情，说话风趣，与他人交好。你享受令人尊敬、组织良好的辩论，与发短信或写信件相比，你更喜欢当面交流。你倾向于使用理论、行话、数据和专业术语。与你某些性格特征相同的金色性格者则常把“事实”“传统”“受人尊重”和“证明”等词语挂在嘴边。相反，红色性格者喜欢用“刺激”“享受”和“现在”这些词。你在绿色性格者身边会感觉不舒适，因为他们喜欢用抽象概念、隐喻和类比，常强调“价值观”“人际关系”“感受”和“友好”这些词语。蓝色/金色性格者会刨根问底，问“为什么……”和“万一……”，寻找前因后果来构建系统和部署战略。转变交流方式对你来说意味着控制情绪、从实际出发考虑问题、包容他人的规则。和红色性格者共事时要分析实时的危机，与绿色性格者共事时要允许他们用真实的情感来支撑逻辑。解决金色性格者的顾虑，他们很看重规则，期待双赢的解决方案。你冷静的头脑可以很好地平衡所有人的需求。

盲区

蓝色/金色外向性格者普遍存在以下盲区，其中一些可能对你来说也适用：

· 对自己的能力、逻辑感和战略部署过于自信。

· 相信一切都必须是理性的，过于简化“混乱的”情景。

· 忽视一些现实情况或中期的修正。

· 对他人的情感和回应不敏感，或者直接忽视。

· 催促他人达成某一目标，你教条、做事突然，表现得过于咄咄逼人。

· 因为自己积累了一定的专业知识与成就，认为自己就是领导。

引发疲劳和冲突的压力源

让蓝色/金色外向性格者产生压力和疲劳感的工作环境包括：

· 无能为力，丧失自主性，缺乏关键性决策的影响力。

· 同事消极或情绪化。

· 指导方针不明确、优柔寡断。

· 程序不合逻辑却被伪装得很有“效率”。

· 必须为他人的无能买单，甚至更糟糕，处理因自己的无能而出现的问题。

· 因为把人当作物来看待而被指责。

蓝色/金色外向性格者在高压下能力会有所降低。你可能会自怜，出现不合逻辑的情绪，缺乏灵活性，害怕失去控制，被激怒的时候也会说“不干就不干了”。在闲余时间，你会自我怀疑、失眠，甚至生病。请参照“遭遇挑战时提高效率的策略”找到相应的解决方法。

自我指导，探寻高效工作关系

若蓝色/金色外向性格者试图通过自我调整促进职业发展，那么首要的关注点应该是如何应对他人的情感、规则和即时的可行性。

求解与决策

蓝色/金色外向性格者有以下优势：

· 在初始阶段贡献颇具价值的专业知识，分析未尝试过的解决方案。

· 通过长期策略及计划实现目标。

· 喜欢复杂的挑战。

· 概念化和理论化的能力比他人强。

· 评估理念和流程中的缺陷，快速地做出艰难抉择，减少亏损。

遭遇挑战时提高效率的策略

人与人之间的挑战会削弱生产力。以下是你可能会面临的重大挑战及相应的自我调整策略：

· 害怕负面产出。在看到成功的结果前，你都会质疑自己的能力。回顾一下自己的成功经历，向红色性格的同事寻求帮助，在中期时帮你指正方向，保证一切进行顺利。

· 必须单独工作。把这种任务委托给性格内向的同事，他们会感激你给他们独处的时间！或者提出要求在人多的环境下工作，从而提高自己的工作效率。

• 受他人情绪影响，误导自身逻辑判断。认可不同类型的智慧。情感也是有价值的，不成则败。找一个绿色性格者做自己的导师。用“如果……那么……”的句式处理情绪，例如，“如果他这样想，那么他就会那么做。”

• 因为没有把他人的需求考虑进去，因而自己的付出遭到反对。当你在陈述较复杂的想法时，一步一步地讲给红色性格者和金色性格者，或者向绿色性格者解释这一想法会怎样造福人们。在提出自己的看法时，要认可并赞同他人的付出。

• 不考虑他人的想法，排除障碍。你的逻辑分析或许可以找到“正确”的方向，但是对于那些“跟着直觉走”的人或“一直都是这么做”的人来说，你这套行不通。在低风险的情况下，退一步，让他们采取他们认可的方式。仔细地分析结果。

应对挑战的时候，要依靠自己冷静的头脑和解决问题的决心。避免主要负责危机和常规的工作。蓝色/金色外向性格者拥有强大的内心，很擅长谋划，但是在强烈的情绪面前，他们也没辙。遇到这种情况时，可以找绿色性格者来帮忙解决。

案例二：当你在职场穷途末路时

蓝色/金色外向性格的乔伊·贝茨出生于一个戏剧家庭，他的父亲是导演，母亲是演员，祖父是著名的杂耍演员。然而不幸的是，乔伊几乎是一个没有任何表演天分的孩子。他感到很失望，直到15岁时，他找到了适合自己的职业——舞台管理。当其他孩子都在抢主演角色的时候，乔伊凭借自己蓝色性格者所具备的能力解决复杂的舞台、道具、场景支持等问题。年仅25岁的乔伊就拿到了舞台经理的公会会员证。他已经赢得了自己的荣誉……但他为什么依然觉得愤怒并备受压迫呢？他觉得这份工作没什么意义，让他觉得很苦恼。直至有一天，一个为人苛刻的明星不公平地对待乔伊，并且质疑他的能力。这突如其来的质疑让乔伊把长期以来的不满都发泄了出来——一个受到不公平待遇的蓝色性格者的愤怒。明星逃回到自己的更衣室，乔伊终于也意识到自己再也无法应对这些情绪化的演员。他到当地的一个酒吧调整自己，在那里结识了几位安全分析师，和他们分享工作中的不快。蓝色性格者喜欢策略型的思维，于是短短的两分钟谈话竟然变成了长达两小时的探讨。最终，乔伊转行了，他现在在华尔街工作，从事证券分析。在这里，他的战略思维、解决复杂问题及做艰难决策的能力赢得了高级合作伙伴的关注。他的职业生涯轨迹可以被比作"流星"。

政治觉悟——会说话

色商系统很有价值的部分在于掌握各个颜色性格者的能力，如红色性格者本能的危机处理能力、金色性格者细致具体的思维和行政管理能力、蓝色性格者在保证自身利益前提下的战略思考能力。我们应该把令人恼怒的同事转变成自己强大的政治同盟。

绿色性格者。麦克斯（蓝色/金色性格者）说："如果你觉得我们可以把人员裁到 1 500 以下依然可以完成项目，那你就太天真了。"克里斯（绿色性格者）反驳说："如果你觉得在降低大量当地家庭收入的同时还能提高销售量来满足项目目标，那你就太不明智了。"

绿色是四个基本色商性格类型中最以人为本的。他们了解人们内在的愿望，这或许看起来有些软弱或不够重要，但是对你以逻辑、策略为主的思考方式来说，是很好的补充。你的性格类型很容易激怒绿色性格者，因为你专注逻辑、细节和当下的事，不做长远打算，不关心人与人之间的影响。你们这种性格的人喜欢在人际关系中处于强势的位置，但是绿色性格者喜欢在情感上敞开心扉、为人忠诚。这也是出现危机时，他们选择逃避冲突、辩论和挑战的原因。然而，你若敢挑战绿色性格者的价值观，他们会表现得非常坚定且自信。你们这两种性格都靠直觉办事，但是绿色性格者的直觉源于自己的感情，而你的直觉基于事实和逻辑。对他们来说，你的性格类型过于冷酷，不够亲近。绿色性格者不喜欢面对你，他们会远离你、不支持你。你要向他们解释，讨论情感对你来说很困难，会让你迷失自我，这样一来绿色性格者会马上转变立场支持你。

谈判策略

· 与绿色性格者及其抽象的、长远的愿景找到共同点。利用自己的人际交往能力，让他们认同你的策略和想法。

· 问他们对你的看法，他们会给你友好、委婉的反馈意见。

· 赞赏他们的人际交往能力和超强的市场营销能力。

· 为了确保他们的认同，在制定战略和策略时要把他们的价值观和直觉考虑进来。

· 给他们说清楚你喜欢辩论和批评是因为这是你做事的风格，并不是有意针对谁。让他们接受这一点可能需要一段时间，所以要常常重申这一点。

金色性格者。汤姆（蓝色/金色性格者）是一名销售经理，他给高级财务副总裁艾尔多（金色性格者）带来了重磅利好消息，喜不自禁：“我们打电话、写邮件，经过 8 个月的努力，在众多竞争者中披荆斩棘，终于拿下波音公司（Boeing）。公司明年的业绩依旧会持续上涨，我的功劳啊。”艾尔多不为所动，抬头看着汤姆说：“汤姆，你的工作做得很出色，但是我打赌你还没做完自己的报销呢。”

金色性格者是规则和程序的制定者，可能会因为过于关注“无关紧要”的细节而惹怒你，他们这样做或许是为了保证高效，因为金色性格者需要条条框框的约束。和金色性格者找到共同点，考虑逻辑，不过于看重情感。为了与金色性格者结盟，你需要逐步解释你的想法和策略是可行的，这点很重要，尤其是在商业计划的制定过程中，因为你需要金色性格者负责管理细节事物。

谈判策略

· 为了缓解紧张局面，说话时多使用“事实”“传统”“受人尊敬”和“证明”这些词。

· 适当从两人共同的喜好——逻辑下手。

· 告诉他们你的批评和辩论不对人，只是为了找到“正确”的答案。

· 认可并且赞扬他们高超的细节处理能力。

· 在制定计划或产品创新时要想到他们。金色性格者可以发现执行层面一些至关重要的问题。

红色性格者。负责赠款的经理罗蒂（红色性格者）说：“森林的（the Forest Grant）补助来了，但是这才是我们需要的一半啊。我们必须把天鹅湖（the Swan Lake）芭蕾舞的公演砍掉 6 周。”执行董事艾丽西亚（蓝色/金色性格者）回答说：“不，不会。我们正在为这些经典曲目建设我们的队伍，为这个计划制定长期的捐赠策略。我们不能走回头路。努力去争取更多的赠款！”

你的性格类型会激怒红色性格者，因为你只强调“正确”的方向。

红色性格者的优势是期待，甚至欣然接受项目中期的调查。红色性格者想看到项目的实际运营情况。你的长期规划在他们看来有些不切实际，他会拿实际情况跟你据理力争。对于蓝色/金色外向性格者来说，红色性格者处于即将失控的混乱状态。这很容易引发与蓝色/金色外向性格者之间的长期矛盾。当危机出现时，还是要派红色性格者去解决，他们充满激情与热情。

谈判策略

· 用以下词汇和红色性格者交流，观察他们的反应："刺激""享受""促进""现在"。

· 放下大局观。使用具体、事实性的词汇，讨论现在具体做什么才能达到预期结果。

· 不要进行微管理。让他们处理延期、模棱两可、未知改变等情况。

· 避免在语义和抽象等观点上发生争执。

· 找到共同点，你既关注事件本身又有能力，不要抓住他人的行动不放。

· 让红色性格者参与商业计划。他们可以最有效地解决人混乱的局面，通过具体的方式和应急计划为你促成新的合作机会。

外向性格与内向性格

如果之前的建议都没有起太大作用，那么说明你面对的是内向性格者。在这种情况下：

· 尊重他们，不要质疑他们。或许你难以理解为什么内向性格者不喜欢交流，为什么他们更喜欢独自工作。其实，你只需要尊重他们的性格特征，不挑战他们。他们需要足够的私密空间为自己充电。

·建议你降低热情，多倾听对方的声音。

·建议你请他们讲出自己的想法，但是在他们想清楚之前不要强迫他们讲出来。

·建议你不要在他们停顿时插嘴。

根据前面的描述，你了解了所有的同事吗？若想进一步了解所有的性格类型，可以阅读有关色商性格类型的全部章节，然后阅读第二十五章《适应其他工作环境类型》。

· · ·

总之，蓝色/金色外向性格者是天生的领导者，你们看重逻辑和不可争的事实，觉得有效率的计划很重要。你们的直觉激励着你们为愿景而努力，找到明确的奋斗平台。

你可以指派正确的人负责不同的任务。但是这些人最好能够应对挑战。蓝色性格者原谅那些没有效果、效率低下的工作，你不喜欢困惑。你过于结构化，可能无法理解绿色性格者和红色性格者更为灵活的性格特征下的巨大价值。这是一个大错误。他们经常可以提供富有创造力的解决方案，解决危机。你们无比崇拜智慧，所有的蓝色/金色性格者内心深处都有表现欲。你们自我批评的特质不断地激励自己进步。你们比其他类型性格者更需要秩序来平衡创造力和自发性。

第十七章　蓝色/金色内向性格

你不仅仅具有蓝色性格，你的性格中也透露出强烈的金色性格特征，即第二性格。经测试，你的色商为内向型，这意味着你倾向的充电方式是独处而非与他人相处。蓝色/金色内向性格者会以批评与怀疑的态度阅读本章节。色商系统的工作人员基于迈尔斯—布里格斯系统在全球范围内历时70年的研究总结出来这套职场性格分类系统。若想进一步了解该系统的相关背景知识，可以阅读第四章《色商性格系统：发展基础与历史》。从战略层面来看，本章节提供了专为你设计的工具，能让你在公司或机构中获得别人无法获得的社会和政治优势。

首要激励因素

让我们来检验一下，以下这些是你最主要的激励因素吗？

- 战略思维，以逻辑为基础的直觉。
- 有能力，有成就，追求完美。
- 在追求真理的过程中，有辩论和批评的自由。
- 可以部署大规模的改进计划，为社会带来改变。
- 创建新的系统，想出新的想法。

怎么样，是否正确？

作为一个内向性格者，你在开放式的办公环境下工作效率较低。蓝色/金色内向性格者占世界人口的2%，但是你们超凡的解决问题的能力造就了今天的社会。

企业文化——寻找最优匹配

寻找或者创造最优工作环境是所有性格类型人的职责。不同色商性格类型的最优文化氛围不同，一家公司的优势放到另一家公司或许会变成劣势。企业文化本身可能不会功能失调，比如，蓝色性格者讨厌红色性格者喜欢的东西，冲突、削弱的优势、怨恨及挫败感都是文化匹配不成功的表现，倘若你了解自己的喜好，就可以避免这些问题。

蓝色/金色内向性格者最喜欢的工作环境具有以下特点：

- 提供习得更多知识和提高能力的机会。
- 跳出固化思维来思考。
- 有决策的权力。
- 同事聪明、独立、受竞争激励努力工作。
- 复杂的项目。
- 有深度的、互不干扰的脑力劳动。

如果你认为以上这些点显然与自己匹配，那说明你的测试结果正确。与红色/绿色外向性格者的理想工作环境对比一下。

蓝色/金色内向性格者最不喜欢的工作环境具有以下特点：

- 官僚体制，周围的人持有“我们一直都是这么做的”的心态。
- 太多文案工作、细节工作，条条框框多，程序烦琐。
- 同事“没什么能力”，过于敏感，拒绝改变，不能按时完成任务，争吵多。

- 对领导和客户卑躬屈膝。
- 强制性的团队合作。

经营管理现状，塑造个人形象

蓝色/金色内向性格管理者最为重要的任务之一是建立他的执行声誉，或者说“品牌形象”。打造这种品牌形象可以赋予你执行策略的能力，你需要提高自己在团队内部的影响力。如果有必要的话，同时也允许你在公司外部提升自己的形象。蓝色/金色内向性格的领导形象可以概括为：

蓝色/金色内向性格者是天生的战略家，你是第一个看到大局的人。你构建宏伟的愿景，谋划策略，制定计划和应急措施。

你会制定很高水准的标准，但也会给予手下民主与自由。他们觉得你思维清晰，辩论时很有想法，备受你的鼓舞。你更喜欢独自工作，不喜欢领导他人，但是由于你博学、专业知识卓越、能力突出，你将获得很高的薪酬和声望。你的长期战略思维、市场趋势判断能力及过人的决策力会使你成为强大的管理者。虽然你不喜欢政治，但是你非常清楚机构内部的运作模式是职业生涯的有效保障。

案例一：蓝色/金色内向型性格者中的成功人士

马克·泰勒，任职于威士达国际公司

马克·泰勒不是医生也不是律师，而是印第安的一个酋长。实际上，他是文化同步公司（CultureSync）的高级部落教练，文化同步公司是一家管理咨询机构，培训团队通过同步文化与战略产出更好的成果。他是一名有着35年职场经验的CEO，经营曼哈顿CEO俱乐部(Manhattan CEOs)的智囊团，拥有诸多才能。他创立了泰勒系统工程总公司（Taylor Systems Engineering Corporation)，直到他在2005年卖出公司的时候，这家公司还是密歇根州排名第58位增长最快的公司。他还创办了瑞德罗若公司（RedRoller)，这是一个互联网初创购物服务公司，提供托运人对比服务，已于2007年上市。他是威士达国际公司的主席，该公司号称“世界领先的首席执行官组织”。

马克说：“我的核心价值观是服务、关怀和支持一项崇高的事业，进而改造职场环境。”他通过蓝色性格者惯有的战略手段实现了这一目标。他拿到了计算机和管理学学士学位以及MBA，马克把战略应用于企业文化，从而优化成功率。他担任了瑞德罗若首席物流官的职位，这是一个典型的蓝色性格职位。

他在伟仕达的工作非常适合蓝色/金色性格者。“我具有创新能力，善于制定新的解决方案，富有远见，”马克说，“我和50名CEO一同工作，来实验我的想法，然后把这些想法转变成实实在在的成果。”他最大的乐趣在于为他人提供新的思考方式。

凡妮莎·A. 麦克德莫特，任职于美华集团

蓝色/金色内向性格的凡妮莎·麦克德莫特在4岁时就清楚自己想上西点军校（the United States Military Academy at West Point)。18岁时，她做到了。服役期间，她仅用了3年时间就升至陆军上尉。身为蓝色性格者，她具有长期战略思维，这使得她在美国、韩国和伊拉克担任维修和后勤人员时表现得很不错，她负责1 000余人操作计划的执行和资源分配。如今，她利用自己解决复杂问题的能力在美华集团担任管理咨询师，美华集团是一家全球水电工程公司。她负责风险管理，负责汇报四大投资项目，项目总价值高达30亿加币，符合ISO

31000 和 PMI 双重标准。

有时候必须以和善的态度对待团队成员，这一点让她很紧张。“我不是受感情引导的人，我看中逻辑，”麦克德莫特说，“我可能天生性子急，性情刚硬，所以我必须花些时间进行社交，确保团队建设良好，让大家认可我。”

融入团队，打造优质高效团队

蓝色/金色内向型性格者独立工作时效率最高。在企业或者项目的初始设计或谋划阶段，你是最有价值的，因为此时你可以打造愿景，做出选择，确定发展方向。记得观察发展趋势，这样才能在排除感情因素的情况下推动“具有逻辑”选择的发展。你的这种做事风格很可能引发冲突，而这种冲突无法符合逻辑或被合理地解决。

你高度集中注意力，有逻辑，可以敏锐且机智地分析问题，在最后期限前完成任务，帮助队友接受“系统”。

交流方式

你只需要调整措辞，顺应其他颜色类型的性格，就可以改变局面，带来极其积极的影响。“主观分析与客观分析”“理论与实践”“循规蹈矩与灵活处理”这三组矛盾是绝大多数职场冲突的根源。如果能够“转变风格”，你就可以在磋商谈判、管理和面试过程中获得较大的竞争优势。

蓝色/金色内向性格是所有性格类型中思维最缜密的。比起说话，你更喜欢写东西，喜欢与专家探讨问题，喜欢使用简洁、准确、客观的语言。陈述一些“显而易见”的事情让你觉得很烦，如果交谈内容不够刺激，你会选择离开或者进行下一个问题。你期待辩论和批评；如果你伤及他人的感情，你会觉得不可思议，无法理解。

你倾向于使用理论、行话、数据和专业术语。相反，红色性格者喜欢用“刺激”“享受”和“现在”这些词。与你某些性格特征相同的金色性格者则常把“事实”“传统”“受人尊重”和“证明”等词语挂在嘴边。你在绿色性格者身边会不舒服，因为他们喜欢用抽象概念、隐喻和类比，常强调“价值观”“人际关系”“感受”和“友好”这些词语。“政治觉悟”部分为你提供了转变交流方式的建议。

盲区

蓝色/金色内向性格者普遍存在以下盲区，或许其中只有少数几点适用于你：

· 在项目结束前将他人拒之门外，拒绝他们的投入。

· 不经过深思熟虑就批评他人，根本没有听完别人的整个思路。

· 不耐烦、教条式思维、知识储备不足。

· 把情感看作次要因素，当情感成为重点时无法理解。

· 不喜欢与他人分担责任，比如“如果你想做一件事情，那么自己去做”。

· 根据逻辑来做决定，不考虑“直觉”和传统。

引发疲劳和冲突的压力源

让蓝色/金色内向性格者产生压力和疲劳感的工作环境包括：

· 没有隐私，微管理。

- 执行随意或缺乏逻辑的决策。
- 必须不间断地表明你的做法是有意义的。
- 没有足够的时间分析局势，得出有逻辑的答案。
- 为“计划”进行中期修正。
- 同事没能力、固执或抵制变革。
- 周围同事情绪爆发或者争吵不断。

事实证明，蓝色/金色内向性格者在高压下容易变得固执，敌对他人。你会隐蔽了所有的情绪，疏远所有人。在信任重塑前，你会执迷于细枝末节或者逃避社交场合。

自我指导，探寻高效工作关系

若蓝色/金色内向性格者试图通过自我调整促进职业发展，那么首要的关注点应该是在决策过程中把情绪因素考虑进来。

求解与决策

蓝色/金色内向性格者具有以下优势：

- 找到问题的源头，推断未来的可能性和构想新系统。
- 把直观的理解加到逻辑框架。
- 构建愿景、战略部署，建立复杂的模型，准确预测最终结果。
- 通过解决问题，分析增加价值的途径，寻求战略优势。
- 使用归类情绪的方式做艰难决策。

遭遇挑战时提高效率的策略

人与人之间的挑战会削弱生产力。以下是你可能会面临的重大挑战及相应的自我调整策略：

· 反对条条框框和官僚体制。你坚信实施战略，有逻辑的解决方案可以解决长期问题。当组织结构阻碍合理的解决方案的进行时，你会对官僚体制的阻碍失去耐心。在系统内工作，得到领导和同事的支持。

· 必须在大型团队或开放办公室工作。提出要求在小规模的团队工作，争取私人的工作空间，提高自己的工作效率。

· 对真理的不懈追求。如果你的能力遭到质疑，那么你应该工作，重新赢得他人的认可。你可能会忽略自己的身体需求，太长时间高强度工作会危及身体健康。真正的能力需要耐力，要吃有营养的食物，睡眠充足，多锻炼。

· 忽视情绪因素因而得不到他人的支持。人是缺乏逻辑的，感情受伤的原因更是扑朔迷离。找一个绿色性格的导师，帮助你获得“情绪智力”，使用“如果……那么……”的句式。如果你喜欢的话，记日记也有效果。

· 无法专注于细节和实用性。对细节的把控是金色性格者的优势，为人实际是红色性格者的优势。尊重彼此的能力，互相帮助。如果你不喜欢寻求帮助，那就和他们做交易。

· 周围同事缺乏能力。你会多迅速地辞去没有能力的同事？你能像绿色性格的同事一样挽救停止不前的谈判吗？你能像红色性格者一样处理危机吗？你能像金色性格者一样稳重地管理他人吗？当你感觉自己缺乏能力的时候，你会选择放弃，其实这是自我摧残的做法。你要让自己时刻参与进来——尊重并善用其他色商性格类型者的能力。

应对挑战时，做一些可以结合工作和休闲的运动。这样可以促进你和同事之间的关系。放弃掌控一切的需求。如果你的胜任感低了，就去做运动——给房间刷漆，重新规整一下办公室。优先考虑自己对隐私和时间的需要。

案例二：当你在职场穷途末路时

神父威廉·弗格森在母亲和哥哥的棺木旁主持了葬礼，结束后他脱下外衣，逃到自己的办公室内。所有的一切都不合逻辑，他的情绪是混乱的，为什么他会觉得……释然？难道这正常吗？

他的母亲为他的牧师职位做了打算，然而他哥哥继承了家族的商业咨询帝国。神父威廉一直都是一个不善于交际的人，他靠着蓝色/金色性格为自己运筹帷幄，帮助制定教区制度。他把自己的咨询职业当成一盘棋，那么下一步该怎么走呢？

一场可怕的车祸夺取了家人的性命，当神父威廉第一次参观了家族的咨询企业时，他感觉莫名的亲切，在教堂从来没有过这种感觉。想起自己曾劝告教民在悲伤时要接受所有的感情，这在上帝眼中很重要。他也是这么做的，现在他可以继续前行了。蓝色性格者可以在战略层面轻轻松松地评估一家公司，指明它未来的发展方向。威廉在一个月内就修复了公司系统，在公司站稳脚步，做了哥哥的接班人。

当然，董事会给他留有席位。本来他想婉拒，但是欲拒又止了。他不觉得这是对母亲的背叛，相反，他觉得浑身充满了正能量。

他向董事会申请了几天的考虑时间，需要确保悲伤的情绪没有让自己失去理智，之后接受了这一职位。他意识到这意味着在做一名合格的牧师和做一名称职的CEO之间的选择，最终，他理性地选择了后者。

政治觉悟——会说话

色商系统很有价值的部分在于掌握各个颜色性格者的能力，如红色性格者本能的危机处理能力、金色性格者细致具体的思维和行政管理能力、蓝色性格者在保证自身利益前提下的战略思考能力。我们应该把令人恼怒的同事转变成自己强大的政治同盟。

绿色性格者。绿色是四个基本色商性格类型中最以人为本的。他们了解人们内在的愿望，这或许看起来有些软弱或不够重要，但是对你以逻辑、策略为主的思考方式来说，是很好的补充。你的性格类型很容易激怒绿色性格者，因为你专注逻辑、细节和当下的事，不做长远打算，不关心人与人之间的影响。你们这种性格的人喜欢在人际关系中处于强势的位置，但是绿色性格者喜欢在情感上敞开心扉、为人忠诚。这也是出现危机时，他们选择逃避冲突、辩论和挑战的原因。然而，你若敢挑战绿色性格者的价值观，他们会表现得非常坚定且自信。你们这两种性格都靠直觉办事，但是绿色性格者的直觉源于自己的感情，而你的直觉基于事实和逻辑。对他们来说，你的性格类型过于冷酷，不够亲近。绿色性格者不喜欢面对你，他们会远离你、不支持你。你要向他们解释，讨论情感对你来说很困难，会让你迷失自我，这样一来绿色性格者会马上转变立场支持你。

谈判策略

·与绿色性格者及其抽象的、长远的愿景找到共同点。利用自己的人际交往能力，让他们认同你的策略和想法。

·请教他们如何提高情感操控能力，他们会给予你委婉的回答。

·有耐心、尊重他人，赞赏他们的人际交往能力和超强的市场营销能力，即便你可能不喜欢这么做。

·为了确保他们的认同，在制定战略和策略时要把他们的价值观考虑进来。

·给他们说清楚你喜欢辩论和批评是因为这是你的做事风格，并不是有意针对谁。让他们接受这一点可能需要一段时间，所以要常常重申这一点。

金色性格者。金色性格者是规则和程序的制定者，可能会因为过于关注“无关紧要”的细节而惹怒你，他们这样做是为了保证高效，因为金色性格者需要条条框框的约束。和金色性格者找到共同点，永远不要挑战规则，可以一同制定计划和时间安排。为了与金色性格者结盟，你需要逐步解释你的想法和策略是可行的，这一点很重要，尤其是在商业计划的制定过程中，因为你需要金色性格者负责管理程序。

谈判策略

·为了缓解紧张局面，说话时多使用“事实”“传统”“受人尊敬”和“证明”这些词。

·与金色/蓝色性格者找到共同的爱好，如事实和逻辑。

·告诉他们你的批评和辩论不对人，只是为了找到“正确”的答案。如果你想“优化”他们的构架，他们会抵制。

·认可并且赞扬他们高超的细节处理能力，尤其当他们负责这些任务时。

·在最开始制定计划或产品创新时要想到他们，不要到了最后阶段才想起来。金色性格者可以发现执行层面一些至关重要的问题，否则项目很可能脱离正轨。

红色性格者。你的性格类型会激怒红色性格者，因为你只强调“正确”的方向，按照“计划”执行。红色性格者的优势是处理计划偏离正轨的危机。你的团队需要红色性格者来拉近团队成员之间的关系，处理实际的问题。对于蓝色/金色内向性格者来说，红色性格者一直处于即将失控的混乱状态——爱玩，工作不投入，经常挑战规则。这很容易引发与以结果为导向的蓝色/金色内向性格者之间的长期矛盾。当危机威胁到你精心部署的计划时，要派红色性格者去解决，他们会充满激情完成任务。

谈判策略

· 用以下词汇和红色性格者交流，观察他们的反应：“刺激”“享受”“促进”“现在”。

· 不要从战略层面交谈。简化你的语言。使用具体、事实性的词汇，讨论现在具体做什么才能达到预期结果。

· 在决策初始阶段，融入红色性格者的观点。需要时，他们可以当即提供应急方案。他们可以帮你解决人才混乱的问题，指明可实施性，为你促成新的合作机会。

· 不要进行微管理，让他们处理延期、模棱两可、未知改变等情况。

· 避免在语义和抽象等观点上发生争执。

· 在没有实验过的解决方案中找到共同点。

外向性格与内向性格

如果之前的建议都没有起太大作用，那么说明你面对的是外向性格者。在这种情况下：

· 你或许难以理解为什么他们时时刻刻都需要有人围在身边，他们为何享受这种喧闹的氛围。你需要尊重他们，切忌调整他们，因为他们的充电方式是与他人交流——正如你需要独处的时间一样，他们需要这种交流。

· 建议你参与到深思熟虑的探讨中，采取中立的态度，不要过于质疑他人。

· 建议你常插话，保证谈话切合话题。

· 你可以主动帮他们处理一些需要独自完成的工作。他们的感激会让你有所收获，独处的时间也是你需要的。

根据前面的描述，你了解了所有的同事吗？若想进一步了解所有的性格类型，可以阅读有关色商性格类型的全部章节，然后阅读第二十五章《适应其他工作环境类型》。

· · ·

总之，蓝色/金色内向性格者有创造力、为人独立。你们自食其力，但也需要他人的帮助。你们自省且内敛，相信有逻辑分析支持的直觉，常以此指导自己进行决策。因为抓得住理论和策略上的重点，你们可以在许多行业取得成功，如与数学、科学相关的行业及更加需要哲学的行业。你通常坐到管理层和高层的位子。蓝色/金色内向性格者完全可以胜任充满变化的公司高级职位。

第十八章　蓝色/红色外向性格

你不仅仅具有蓝色性格，你的性格中也透露出强烈的红色性格特征，即第二性格。经测试，你的色商为外向型，这意味着你为自己充电时喜欢与他人相处而非独处。蓝色/红色外向性格仅占世界人口的3%，你们的性格类型十分罕见。蓝色/红色外向性格者渴望在自己的工作领域取得优异的成就，得到别人的认可。你们拥有长远眼光，有大局观，能够洞察竞争优势与战略优势。

首要激励因素

因为性格外向，你无法太长时间独自工作，这种工作模式会让你感到不安。你需要人多的环境，探索与竞争是必需品。如果同事能力不足、不够专注、不独立，你的工作效率也会受到影响。

在招聘和面试中，蓝色/红色外向型性格者的首要激励因素包括：

· 拥有创新的自由，与专家同事合作的机会。

· 看重创新性的探索，继而研发出新产品或新解决方案的能力。

· 有挖掘竞争力和战略优势的机会。

· 项目多样化。

· 稳步提升专业能力。

· 工作中充满乐趣与激情。

企业文化——寻找最优匹配

寻找或者创造最优工作环境是所有性格类型人的责任。不同色商性格类型的最优文化氛围不同，一家公司的优势放到另一家公司或许会变成劣势。企业文化本身可能不会功能失调，比如，蓝色性格者讨厌红色性格者喜欢的东西。冲突、削弱的优势、怨恨及挫败感都是文化匹配不成功的表现，倘若你了解自己的喜好，就可以避免这些问题。

蓝色/红色外向性格者最喜欢的工作环境具有以下特点：

- 处理非常复杂的问题。
- 有乐趣，有挑战。
- 有提高自身能力、影响力及声誉的机会。
- 在大公司工作，能接触到有权力和有影响力的人。
- 自由、有主动权、即兴的环境。
- 没有森严的等级观或条条框框的限制。

如果你认为以上这些点显然与自己匹配，那说明你的测试结果正确。与绿色/金色内向性格者的理想工作环境对比一下。

蓝色/红色外向性格者最不喜欢的工作环境具有以下特点：

- 注重细节与实用性。
- 目标不明确，很少强调长期规划和创新。
- 根深蒂固的官僚作风。
- 同事为人感性、目光短浅、缺乏主动性。

- 微管理。
- 长时间的独自工作，团队合作机会少。
- 独立工作的要求。

经营管理现状，塑造个人形象

蓝色/红色外向型性格的管理者最重要的任务之一是建立他的执行声誉，或者说“品牌形象”。利用你天生的谋划能力在团队内部树立影响力，在必要的时候也可以营销自己。

蓝色/红色外向性格者应该利用自身的智力、创造力、洞察力、感染力及热情塑造个人领导形象。你充满好奇心、聪明，可以敏锐地抓住新的机遇感，能够凭借思维的力量说服他人。

倘若你的手下表现出卓越的竞争力，你会允许一定程度的自主性。在效益分析达标的前提下，你鼓励冒风险。你支持员工赶超目标，但前提是能够提供准确的、支持性的、公平的反馈。

你会把系统理论化，推动系统的应用。你会分析关键问题背后的模式和关系。你能把握大局，通常可以让那些拒绝你的人处于劣势位置。

案例一：蓝色/红色外向型性格者中的成功人士

马修·B. 阿尔斯泰德，任职于卡尔弗特投资公司

阿尔斯泰德“希望在富有创造力的业务解决方案和务实的业务解决方案之间寻找平衡”。这样做是明智的，因为身为华盛顿特区卡尔弗特投资公司的副总裁，他知道渠道营销和品牌战略工作很复杂。“我的主要职责是在核心分销渠道制定营销策略……还有推动品牌和领导力计划的发展，包括市场调研、定位和执行的工作，把战略转化为行动。”

在金融行业摸爬滚打16年，阿尔斯泰德已经颇有建树。他最开始是波士顿贝银行（BayBank）的产品分析师，他负责竞争分析和财务报告，后来升到产品经理的职位。接着，加入了 T. Rowe Price，担任产品营销和客户开发助理副总裁。2002年，进入华盛顿特区的 Riggs Bank，负责营销传播和电子商务战略的制定，促成了很多业务线的重组和重新定位。

作为典型的蓝色/红色外向型性格者，阿尔斯泰德觉得自己的首要优势在于，关注并深入挖掘他人的想法和做法，对网络感兴趣（他每周都会花几个晚上上网）。当被问及和他一起工作有什么需要注意的时候，他回答说：“我有点耐不住了，身上的担子太重了。我个人更感兴趣初创项目。”

阿尔斯泰德从小起就会从战略层面思考问题。“小时候，一个闪念之间我觉得自己以后很可能无法养活自己。于是，我回到家对父母说想上寄宿学校，上好大学。这对我的家庭来说是一笔很大的投资，所以我知道自己必须好好学习，这是我努力的主要动力。”这笔投资很划算，如今他和卡尔弗特公司（Calvert）的分销公司总裁、大客户经理及15个行业的批发经理密切合作，监管由5名渠道营销经理组成的优秀团队。

融入团队，打造优质高效团队

蓝色/红色外向性格者总被指定为团队的领导者。与很多人密切合作可以提高你的生产效率。在团队中你工作主动，善于鼓励他人，能够客观地分析问题，并找到独特的解决方案。在项目的初始阶段，你这种“能行”的态度最能凸显价值，你需要其他性格类型的成员来负责执行层面的细节性工作。

你善于运用自己的幽默感缓和紧张局面，你多才、别出心裁，善于同时处理多项任务。记住，结果和过程、系统同等重要。

交流方式

你只需要调整措辞，顺应其他颜色类型的性格，就可以改变局面，带来极其积极的影响。“主观分析与客观分析”“理论与实践”“循规蹈矩与灵活处理”这三组矛盾是绝大多数职场冲突的根源。如果能够“转变风格”，你就可以在磋商谈判、管理和面试过程中获得较大的竞争优势。

在商业交易中，你自信、有主见、表达清晰。你能够理清问题的复杂性，凭借热情说服他人。你善于社交、机智、语言表达得体、为人风趣，这让和你接触的人感觉很舒服，但同样也对他们构成了威胁。你倾向于使用理论、行话、数据和专业术语。与你在某些性格特征方面相同的红色性格者喜欢用“刺激”“享受”和“现在”这些词。金色性格者则常把“事实”“传统”“受人尊重”和“证明”等词语挂在嘴边。你在绿色性格者身边会感觉不舒服，因为他们喜欢用抽象概念及隐喻、类比等手法，常强调“价值观”“人际关系”“感受”和“友好”这些词语。

蓝色/红色外向型性格者希望给人的第一印象是干练，喜欢交谈，不喜欢写东西。你的方法与坦率和逻辑相违背。转变风格对你来说意味着包容情绪、实际考虑和尊重他人的规则（但是找到漏洞不包括在内）。根据实际需求来规划方向；没有逻辑的感情也可以提供非比寻常的见解，同样是解决问题的高效方式。分析规则执行者的顾虑，为制定双赢的解决方案而努力。

盲区

蓝色/红色性格者普遍存在以下盲区，其中一些可能对你来说也适用：

- 同时启动太多项目，最终只能抛弃一些。
- 过快地解雇“能力不足”的同事，看不到他们的优势。
- 过于关注“模式”。
- 无意识地冒犯以和谐为先的人。
- 认为制定策略和系统的重要性高于在最后期限前完成任务和信守承诺。
- 期望高，喜欢自我批评，容易感到疲倦。

引发疲劳和冲突的压力源

让蓝色/红色外向性格者产生压力和疲劳感的工作环境包括：

- 同事没有能力，担心自己无能，遭到不公平质疑。
- 提供详细计划的压力。
- 没有自由，被强制执行规则与程序，微管理。
- 应对小规模的谈话、情绪反应或办公室政治。
- 无法与同事敞开心扉，固守过去。
- 制定自己无法执行的解决方案。

蓝色/红色外向性格者在极端压力下，可能会变得固执、叛逆、挑剔。当你试图重新获得掌控权时，你会关注细枝末节、暴饮暴食、酗酒、贪睡、过度锻炼、视野狭窄。倘若你没有这样做，那么你的活力和攻击性都会有所提高。最坏的情况是，你会隐蔽自己所有的情绪，逃避自己认为没有能力解决的事，这样很容易使局面失控。请参照“遭遇挑战时提高效率的策略”找到相应的解决方法。

自我指导，探寻高效工作关系

若蓝色/红色外向性格者试图通过自我调整促进职业发展，那么首要的关注点应该是如何处理他人的情感、规则和实际需求。

求解与决策

蓝色/红色外向性格者有以下优势：

· 不断地寻找新的及不寻常的机会、想法、解决方案、程序。

· 经过头脑风暴，做出不同的选择，允许模棱两可的想法存在。

· 分析大量数据，发现他人忽略的关联。

· 从相似的情景中学习经验。

· 周密地分析附加值。

遭遇挑战时提高效率的策略

人与人之间的挑战会削弱生产力。以下是你可能会面临的重大挑战及相应的自我调整策略：

· 担心自己无能。你非常担心这点，会逃避自己陌生或者不擅长的事情。然而，逃避会让你更加无能。找一个红色性格的同事，咨询他们是如何处理新的挑战的。要明白业余和无能之间是有差别的。仔细选择项目，把成功率最大化。

• 必须单独工作。把这种任务委托给性格内向的同事，他们会感激你给他们独处的时间，或者提出要求在人多的环境下工作，从而提高自己的工作效率。

• 减少与同事合作的机会。有没有油腔滑调地评论他人或者抢了风头？这些习惯很可能得罪同事。在低风险的情况下，退一步，让他们采取他们认可的方式。仔细分析他们的反应和结果。

• 受他人情绪影响，误导自身逻辑判断，认可不同类型的智慧。情感也是有价值的，不成则败。找一个绿色性格者做自己的导师。把情绪当成“如果……那么……”的句式。例如，“如果他这样想，那么他就会那么做”。

• 杂乱无章。你生活在理论的世界，觉得实用性是次要的。你吹嘘了太多次最后期限，做出了太多承诺，然而你总能找到新的说辞。每天早上 9 点，花上 10 分钟把今天要做的事情按重要性排序，可以极大地提高效率。

应对挑战的时候，要依靠自己冷静的头脑和解决问题的决心。避免主要负责常规的工作。蓝色/红色外向性格者拥有强大的内心，很擅长谋划，但是在强烈的情绪面前，他们也没辙。遇到这种情况时，可以找绿色性格的同盟来帮忙。

案例二：当你在职场穷途末路时

蓝色/红色外向型性格的马丁 • 科尔曼为自己的工作感到很自豪，他在当地科技博物馆（Museum of Science and Technology）当主管。这份工作有很多与该领域大腕接触的机会，他很喜欢每年博物馆举办的联谊活动，活动都是在晚上举办。

但是白天时，他必须在厚厚的地毯上独自工作，这让他感到不安、烦躁。他的助手来来回回，换了13个，因为觉得无聊，他对助手十分苛刻。

在一次董事会议上，他爆发了，董事们大谈特谈过去签署的协议。蓝色/红色外向性格者最讨厌别人要求他们做一直在做的事情。

在一次社交中，他遇到了年轻的创业者苏珊·皮尔斯基。她满脑子都是富有创意的想法，帮助初创企业以新的方式使用现有工业技术。马丁非常了解风险资本和技术。苏珊谒求他加入自己的团队，作为典型的蓝色/红色性格者，马丁思考再三后决定抓住这个机会。

如今，马丁担任这家新的顾问公司的战略总监。他的薪资虽然暂时不如之前的职位高，但是他看到了这家公司光明的未来。他每天12个小时都充满活力，自此，他的助手再也没有任何辞职的迹象。

政治觉悟——会说话

色商系统很有价值的部分在于掌握各个颜色性格者的能力，如红色性格者本能的危机处理能力、金色性格者细致具体的思维和行政管理能力、蓝色性格者在保证自身利益前提下的战略思考能力。我们应该把令人恼怒的同事转变成自己强大的政治同盟。

绿色性格者。绿色性格者特雷莎宣布说："我不打算裁掉哈利，但是我要裁预算，采取自愿减薪的方式。"她的老板阿方索（蓝色性格者）很惊讶，问道："为什么要留着没有生产力的枯树呢？他的生产率持续走下坡路。"特蕾莎回答说："因为他的妻子刚刚被诊断患有乳腺癌。"

绿色是四个基本色商性格类型中最以人为本的，这是你以逻辑、战略为主思考方式的有力补充。相应的，因为绿色性格者需要考虑情感上的因素，所以可能会惹怒你。对你来说，与他人保持和谐的关系并不重要，你也无法理解为什么绿色性格者这么在意和谐的关系。为什么浪费探索其他选择的精力去探索价值观呢？你觉得这种持续的冲突是在浪费时间。然而，你们都会给他人带来惊喜、快乐，有感染他人的能力。收起你的锐气，给予积极的反馈。你要向他们解释，讨论情感对你来说很困难，会让你迷失自我，这样一来绿色性格者会马上转变立场支持你。

谈判策略

· 与绿色性格者找到共同点，如长远的思考、永远快乐、极具幽默感。善用自己的人际交往能力，让他们认同你的想法。

· 询问他们对你的看法，他们会给你友好委婉的反馈意见。

· 赞赏他们的人际交往能力和超强的市场营销能力。

· 为了确保他们的认同，在制定战略和策略时要把他们的价值观和直觉考虑进来。

· 给他们说清楚你喜欢探索客观选择和批评是因为这是你做事的风格，并不是有意针对谁。让他们接受这一点可能需要一段时间，所以要常常重申这一点。

金色性格者。初创公司老板斯图尔特（蓝色性格者）解释说："如果我们继续在手术应用这块加大投入，我们可以预见到机器人业务部光明的前途，所以我们必须关闭制造组，进行重组。"该公司的风险投资商阿斯顿（金色性格者）回答说："不行，我们不能支持如此激进的发展方向调整。"

金色性格者是规则和程序的制定者，他们的人才管理天赋可以让你免于烦人的细节。他们会因为抵触新方式而激怒你，但是为了使工作更有效，金色性格者需要结构和稳定。你可能会因为挑战最低标准和规则而惹怒金色性格者。与金色/蓝色性格者找到公共点，他们也喜欢逻辑和逻辑思维。为了与金色性格者结盟，你要选择低风险的解决方案，让他们慢慢接受你不同寻常的想法。在制定业务计划时，负责他们准确把握事实的能力。你可能会忽略以往可借鉴的积极部分，但是他们会把这些细节都整合在一起，助力你的商业计划取得成功。

谈判策略

·为了缓解紧张局面，说话时多使用“事实”“传统”“受人尊敬”和“证明”这些词。

·告诉他们你的批评和辩论不对人，只是为了找到“正确”的答案。

·认可并且赞扬他们高超的细节处理能力。

·在制定计划或产品创新时要想到他们。金色性格者可以发现并避免执行层面一些至关重要的问题。

红色性格者。“克里斯，更换机器A的包装这事，我们怎么办啊？在过去的两个星期里已经失败3次了。”红色性格者米莉问道。蓝色性格者克里斯回答说：“我们正打算在3年内升级整条生产线，用APEX的新机器。”米莉却质问：“但是机器A现在怎么办？如果下次又失败了呢？会被停止使用的。到时候怎么办？”

你的性格类型对语义和抽象想法很挑剔，这可能会激怒红色性格者。红色性格者务实，他们关注的是当下的事情。他们只考虑如何执行，不做谋划。你需要他们确定执行细节，你也需要他们一步一步完成你的商业规划。幸运的是，你们双方都会在工作中找到乐趣，打破一些规则，在过程中重新调整计划，即便在灾难面前也可以找到新的机会。

谈判策略

· 用以下词汇和红色性格者交流，观察他们的反应："行动""刺激""促进""让我们把实际的问题解决了"。

· 别再探讨策略。使用具体、事实性的词汇，讨论现在具体做什么才能达到预期结果。

· 避免在语义和理论观点的趋势上发生争执。

· 在谋划阶段考虑他们的想法。红色性格制定的实际实施计划可以避免未来很多问题的发生。他们也可以解决困扰你的人员问题。

· 找到共同点，你可以容忍不确定性和模棱两可的情况。

外向性格与内向性格

如果之前的建议都没有起太大作用，那么说明你面对的是内向性格者。在这种情况下，建议你：

· 尊重他们，不要质疑他们。或许你难以理解为什么内向性格者不喜欢交流，为什么他们更喜欢独自工作。其实，你只需要尊重他们的性格特征，不挑战他们。他们需要足够的私密空间为自己充电。

· 建议你降低热情，多倾听对方的声音。

· 建议你请他们讲出自己的想法，但是在他们想清楚之前不要强迫他们讲出来。

· 建议你不要在他们停顿时插嘴。

根据前面的描述，你了解了所有的同事吗？若想进一步了解所有的性格类型，可以阅读有关色商性格类型的全部章节，然后阅读第二十五章《适应其他工作环境类型》。

• • •

总之，蓝色/红色外向性格者通常活在自己的想象中，当投身于最近的项目时，你们就几乎什么其他的事都不会想。你们不知疲倦，永远充满能量，这一点有时候会让他人觉得疲惫。

你的承诺和自信富有感染力。你会发现自己在他人面前很有权威，他们没有你的才华、毅力和自我驱动力。你会不懈地追求并寻找全新的体验，以至于当目标真正完成或者变成常规工作时，它们已经失去了本身的魅力。

你非常适合做领导，你会本能地激励他人，欣赏他人的独特气质。这种包容心将为你赢得很多朋友。

多样性是你幸福来源的关键词。你有各种各样的兴趣，接受各种各样的调整，吸引了各种各样的崇拜者。要想真正取得成功，你需要关注细节，努力兑现自己的承诺。

第十九章　蓝色/红色内向性格

你不仅仅具有蓝色性格，你的性格中也透露出强烈的红色性格特征，即第二性格。经测试，你的色商为内向型，这意味着你倾向的充电方式是独处而非与他人相处。蓝色/红色内向性格者是天生的怀疑主义者，你们可能会觉得这章节的内容是基于“感觉”的记述。事实上，并非如此；这一章节会告诉你如何提高工作效率。色商系统的工作人员基于迈尔斯—布里格斯系统在全球范围内历时70年的研究总结出来这套职场性格分类系统。若想进一步了解该系统的相关背景知识，可以阅读第四章《色商性格系统：发展基础与历史》。

下面是阅读本章节的成本效益分析：

- 成本：20～30分钟的阅读时间；若快速跳读，只需要15分钟。
- 收益：学会掌控与所有性格类型同事互动的方式。解决如何更顺畅地与折磨你或惹怒你的同事交往，甚至把这些同事转变成盟友。

首要激励因素

让我们来检验一下以下这些是你最主要的激励因素吗？

- 知识自由。
- 想法和抽象思维（越独立越好）。
- 突破体系的束缚进行思考。
- 运用智力。

·解决看似无法解决的问题。

怎么样，是否正确？

作为一个内向性格者，你在开放式的办公环境下工作效率较低。当你建立复杂的思维模式时，你不能被他人打扰，这一点尤其重要。虽然蓝色/红色内向性格者占世界人口的2%，但是倘若没有你们提出新的解决方案的能力，我们很有可能依旧处在石器时代。

企业文化——寻找最优匹配

寻找或者创造最优工作环境是所有性格类型人的职责。不同色商性格类型的最优文化氛围不同，一家公司的优势放到另一家公司或许会变成劣势。企业文化本身可能不会功能失调，比如，蓝色性格者讨厌红色性格者喜欢的东西。冲突、削弱的优势、怨恨及挫败感都是文化匹配不成功的表现，倘若你了解自己的喜好，就可以避免这些问题。

蓝色/红色内向性格者最喜欢的工作环境具有以下特点：

·专注复杂的问题和独特的解决方案。

·可以接触新项目而不是维护原有的项目或系统，可以获得有力的行政支持。

·会议及规章程序少，没有最后期限的束缚，环境不聒噪。

·独自工作或在小规模团队里工作，同事有文化、独立、积极、为人随和。

·宽松的时间要求，批评率直，不限制人身自由。

• 鼓励新想法或改进的想法，有能力，敢冒险。

如果你认为以上这些点显然与自己匹配，那说明你的测试结果正确。与绿色/金色外向性格者的理想工作环境对比一下。

蓝色/红色内向性格者最不喜欢的工作环境具有以下特点：

• 必须处理大量的细节问题、程序，在乎人们的感受。

• 有严格的最后期限、时间安排。

• 要求工作环境整洁。

• 奖励未来的工作，规避风险。

• 过于看重过去的协议。

• 同事敏感，办公室政治现象明显。

经营管理现状，塑造个人形象

蓝色/红色内向性格管理者最为重要的任务之一是建立他的执行声誉，或者说“品牌形象”。作为所有色商性格类型中最有天资的战略者，面对这一任务，你稳操胜券。你的品牌形象帮助你制定组织的发展方向，必要的时候你可以在团队内部提升自己的形象。这是蓝色/红色内向性格者的领导形象，可以概括为：

作为卓越的策略制定者，你是第一个发现新想法或不寻常想法、找到战略优势和附加值的人。

团队指望你来开发创新的解决方案，期待超越预期。虽然你宁愿自己一人做事，但总有人找你做管理者。你拥有长远的思考，可以敏锐地把握前沿思想，因此非常适合做行政工作，这种工作的回报也是非常诱人的。你在高压下可以迅速做出决定，直觉告诉你如何分配任务。然而，你比管理人员更有远见卓识。

案例一：蓝色/红色内向型性格者中的成功人士

詹姆斯·G. 斯奎尔斯，任职于买房研究公司

斯奎尔斯在康涅狄格州达里恩拥有一家公司，这家公司利用先进技术为华尔街的一些公司提供投资分析研究服务，根据每一个客户的需求开发不同的计算机程序，可以用“行走在没有脚印的沙滩上”来形容。

虽然他所在的公司并不家喻户晓，但斯奎尔斯的创新性工作已悄然间彻底改变了华尔街。20 世纪 60 年代，他是第一批把计算机编程应用到投资研究中的人。他在军队的时候为战争游戏写程序，这段经历让他获得了日后在全球银行领域制胜所需的技能。他回忆说：“那时，我在华尔街拥有独一无二的价值。”在花旗银行（Citibank）时，他的团队与美联储（Federal Reserve）一同消除国债的纸质凭证。因为掌握大批量订单处理技术，他曾与纽约证券交易所（the New York Exchange）合作。仅仅三天，斯奎尔斯就完成了关闭纽交所的技术设计。

斯奎尔斯一直以来都很成功，因为他知道获得他人支持的必要性。“你无法预测改变，”他说，“我们不能指望一个充满激情的工作环境在没有解释、没有教育的情况下轻松应对改变……我妻子艾米这一活生生的例子教育我如何做好某件事，如何发现并欣赏人们的价值，如何决策。”

在必要时，他红色性格部分会让他有依赖策略的需要。“如果工作不顺，我觉得应当解决导致工作不顺或工作本身不顺的这个问题，”他说，“我会主动要求解决问题。”

融入团队，打造优质高效团队

蓝色/红色内向性格者独自工作时效率最高。你在设计或谋划的初始阶段最有价值，你享受为选择而争辩。

你对团队的贡献有：逻辑感强，可以透彻地分析复杂问题，挑战传统的智慧，持有高标准，情绪爆发时能让团队重新镇静下来。你有智慧，对市场趋势有独到的远见。

交流方式

你只需要调整措辞，顺应其他颜色类型的性格，就可以改变局面，带来极其积极的影响。“主观分析与客观分析”“理论与实践”“循规蹈矩与灵活处理”这三组矛盾是绝大多数职场冲突的根源。如果能够“转变风格”，你就可以在磋商谈判、管理和面试过程中获得较大的竞争优势。

蓝色/红色内向性格者务实、保守。在你感兴趣的领域，你交流迅速、饱含热情、有趣。你在开会前会准备好纸质资料，更喜欢理论、行话、数据和专业术语。与你某些性格特征相同的红色性格者喜欢用“刺激”“享受”和“现在”这些词。金色性格者则常把“事实”“传统”“受人尊重”和“证明”等词语挂在嘴边。你在绿色性格者身边会不舒服，因为他们喜欢用抽象概念、隐喻和类比，常强调“价值观”“人际关系”“感受”和“友好”这些词语。“政治觉悟”部分为你提供了转变风格的建议。

蓝色/红色内向性格者基本对所有事物持怀疑态度，他们觉得自己的愿景不需要他人的同意、谅解或支持，到了指导实施阶段才需要。

你们能坦率并有逻辑地解决冲突。在工作中，你更常表达关心而非赞美同事。

盲区

蓝色/红色内向性格者普遍存在以下盲区，其中或许只有少数几点适用于你：

· 依赖逻辑，探索客观选择而非根据感觉做判断。

· 同时启动太多项目，最终只能抛弃一些。

· 设置太多复杂的目标，导致分析到麻木的境地。

· 过于挑剔、坦率，没有耐心，爱竞争。

· 胁迫没有你机智的人。

· 不知道如何获得他人的认可。

引发疲劳和冲突的压力源

让蓝色/红色内向性格者产生压力和疲劳感的工作环境包括：

· 被细节、程序和期限限制。

· 缺乏自主权。

· 强制性的小组互动。

· 同事无法理解你呈现的想法。

· 同事随意爆发不合逻辑的情绪。

· 以实际执行作为判定成功的标准。

事实证明，蓝色/红色内向性格者在极端高压下会极力维护自己。你无所顾忌、反对、怨恨他人，甚至直接退出。当你的意识不再清晰时，你会纠结于一些微不足道的不和谐因素，直到找到新的立足点才会继续向前看。你可能会屏蔽所有的情感，觉得任何事都“无关紧要”。当别人挑战你的能力和自信心时，你会以固执的态度和讽刺的回应进行反击。

自我指导，探寻高效工作关系

若蓝色/红色内向性格者试图通过自我调整促进职业发展，那么首要的关注点应该是如何多加考虑战略部署中的实际因素和情感因素。

求解与决策

蓝色/红色内向性格者具有以下优势：

- 不断地寻找新想法，推翻后再重新设计。
- 以客观的标准评估可能性，得出多种选择。
- 用逻辑来评价传统系统和新系统。
- 在创建模型和理论时，争辩或持怀疑态度。
- 对逻辑上的错误很敏感，关注改进情况和长期后果。

遭遇挑战时提高效率的策略

虽然蓝色/红色内向型性格者可以为如今的职场带来优质的策略和远景，但人际关系上的调整依然让你分心。人与人之间的挑战会削弱生产力。以下是你可能会面临的重大挑战及相应的自我调整策略：

- 反对条条框框和官僚体制。你坚信实施战略，有逻辑的解决方案可以解决长期问题。当组织结构阻碍合理的解决方案的进行时，你会对官僚体制的阻碍失去耐心。在系统内工作，得到领导和同事的支持。

·必须在大型团队或开放办公室工作。提出要求在小规模团队工作。争取私人的工作空间，因为如果没有私人空间的话，你永远不会有满足感。

·忽略对他人的影响，因而你的解决方案得不到他人的支持。你可能很难理解为什么很多人缺乏逻辑，其感情受伤的原因更是扑朔迷离。找一个绿色性格的导师，让他帮助你获得“情绪智力”，使用“如果……那么……”的句式。如果你喜欢的话，记日记也有效果。

·无法专注于细节和实用性。对细节的把控是金色性格者的优势，为人实际是红色性格者的优势。如果你还没有给他们分配任务，现在开始也不晚。尊重彼此的能力，互相帮助。当现实与理论相冲突的时候，让他们带头解决问题。

·对真理的不懈追求。如果你的能力遭到质疑，那么你应该工作，重新赢得他人的认可。你可能会忽略自己的身体需求，太长时间高强度工作危及身体健康。真正的能力需要耐力，得吃有营养的食物，保证充足的睡眠，多锻炼。

·周围同事缺乏能力。你会多迅速地辞去没有能力的同事？你能像绿色性格的同事一样挽救停止不前的谈判吗？你能像红色性格者一样处理危机吗？你能像金色性格者一样稳重地管理他人吗？当你感觉自己缺乏能力的时候，你会选择放弃，其实这是自我摧残的做法。你要让自己时刻参与进来——尊重并善用其他色商性格类型者的能力。

应对挑战时，做一些让你舒缓紧张情绪的活动。什么都不做或许是最佳的充电方式，或者试试牌类游戏、象棋、旅行、听讲座、读书等。价值观净化的方式很奏效，它会给你足够的时间进行思考，重拾成就感。优先考虑自己对隐私的需求。

案例二：当你在职场穷途末路时

艾伦·卡斯（Alan Case）被巴尼特科尔模具公司（Barnett & Cole Tooling）聘为电子技师，6个月内他重新设计了战略系统，该系统在第一年为公司节省了200多万美元。他也因此升职，负责管理这个新系统的部门，薪资翻倍。那一年，他只有23岁。

最初，艾伦聘请了3名工作人员。身为蓝色/红色性格者所具备的鉴别人才的能力帮他成功，他给团队很多自主权。蓝色/红色性格者善于分析问题，勇于承担风险，超越目标。他的下属非常敬佩这位年轻、能干的老板。他们有自己的小圈子，下班后一起喝酒娱乐，还经常嘲笑那些“无能”“矫情”或“被规则约束的”同事。

其中一个他们口中的“被规则约束的”同事霍华德不经意间听到了他们在酒吧里嘲笑自己，于是他决定推迟提交系统所需零件，给他们一个教训。几个月后，艾伦经分析，发现了这位员工的不满。他当众教训了霍华德，并向领导汇报。

“你需要学习如何与霍华德合作，”主管说，“我不会解雇在这里工作了20多年的最优秀的员工。”

艾伦咨询了人力资源总监格里斯。她建议艾伦转变某些行为风格，包括如何真诚地道歉。虽然艾伦永远不会适应过多的“感情”上的交流，但他如今承认以性格为基础调整人际交往策略，对于取得成功很有必要。

政治觉悟——会说话

色商系统很有价值的部分在于掌握各个颜色性格者的能力，如红色性格者本能的危机处理能力、金色性格者细致具体的思维和行政管理能力、蓝色性格者在保证自身利益前提下的战略思考能力。我们应该把令人恼怒的同事转变成自己强大的政治同盟。

绿色性格者。绿色性格者是四个基本色商性格类型中最以人为本的。他们了解人们内在的愿望，这或许看起来有些软弱或不够重要，但是对你以逻辑、策略为主的思考方式来说，是很好的补充。你的性格类型很容易激怒绿色性格者，因为你不需要他们的同意或支持，觉得他们的寒暄可有可无。绿色性格者总是被你的态度惹怒，他们能察觉到你看不上他们。你更喜欢凭借人际关系处理问题，绿色性格者需要感受到情感上的忠诚。这也是出现危机时，他们选择逃避冲突、辩论和挑战的原因。然而，你若敢挑战绿色性格者的价值观，他们会表现得非常坚定且自信。你觉得在工作时流露情感很不专业，但是对于绿色性格者而言，你的这种反应过于冷酷。他们不会与你正面冲突，但是他们会远离你，不支持你。你要向他们解释，讨论情感对你来说很困难，会让你迷失自我，这样一来绿色性格者会马上转变立场支持你。

谈判策略

- 与绿色性格者找到共同点，分析未来的发展趋势。
- 询问他们对你的看法，他们会给你友好、委婉的反馈意见。
- 赞赏他们的人际交往能力和超强的市场营销能力，即便你可能并不喜欢这么做。这些行为可以增加他们对你的战略和想法的认同，他们也会说服其他性格类型者认同你。

· 为了确保他们的认同，在制定战略和策略时要把他们的价值观和直觉考虑进来。

· 给他们说清楚你喜欢辩论和批评是因为这是你的做事风格，并不是有意针对谁。让他们接受这一点可能需要一段时间，所以要常常重申这一点。

金色性格者。金色性格者是规则和程序的制定者，他们的人才管理天赋可以让你免于烦人的细节。他们会因为抵触新方式而激怒你，但是为了使工作更有效，金色性格者需要结构和稳定。当他们提供必要的行政支持时，你要认可并表扬他们。为了与金色性格者结盟，你要和他们一同理清楚你的想法和具体实施策略的细节，直至达成一致看法。制定业务计划时，要求他们加入讨论；他们很善于把控程序的细节。

谈判策略

· 为了缓解紧张局面，说话时多使用“事实”“传统”“受人尊敬”和“证明”这些词。

· 与金色/蓝色性格者找到共同的爱好，如逻辑与思考。

· 告诉他们你的批评和辩论不对人，只是为了找到“正确”的答案。如果你想“优化”他们的构架，他们会抵制，所以你得慎重选择战场。

· 认可并且赞扬他们高超的细节处理能力，尤其当他们负责处理这些任务时。

· 在制定计划或产品创新的过程中要想到他们。金色性格者可以发现执行层面一些至关重要的问题，否则项目很可能脱离正轨。

红色性格者。你的性格类型会激怒考虑实际问题的红色性格者，因为你的思维是抽象的，总把问题解释得很复杂，过度分析问题。红色性格者的优势是处理计划偏离正轨的危机。你的团队需要红色性格者来拉近团队成员之间的关系。你也需要他们指出逻辑上的缺陷，红色性格者会答复说："这个'缺陷'目前来看重要吗？就这样吧。"

谈判策略

·与红色性格者找到共同点，你们都有规避问题与限制、快速做决定的能力。

·用以下词汇和红色性格者交流，观察他们的反应："行动""刺激""促进""让我们把实际的问题解决了"。

·别再探讨战略层面和理论层面的事情。简化你的语言，使用具体、事实性的词汇，讨论现在具体做什么才能达到预期结果。试着使用三段式的"电梯游说"方式，然后等待对方提出问题。

·在决策初始阶段，融入红色性格者的观点。需要时他们可以帮你解决人才混乱的问题，指出可实施性，促成新的合作机会。别再修改或者更正无关紧要的部分了，让红色性格的同事抓紧时间工作。不要采取微管理的模式。

·让红色性格的导师区分并说明抽象"解决方案"和现实问题解决办法之间的区别。

外向性格与内向性格

如果之前的建议都没有起太大作用，那么说明你面对的是外向性格者。在这种情况下：

· 你或许难以理解为什么他们时时刻刻都需要有人围在身边，他们为何享受这种喧闹的氛围。你需要尊重他们，切忌调整他们，因为他们的充电方式是与他人交流——正如你需要独处的时间一样，他们需要这种交流。

· 建议你参与到深思熟虑的探讨中，问一些中立的问题。

· 建议你常插话，保证谈话切合话题。

· 你可以主动帮他们处理一些需要独自完成的工作。他们的感激会让你有所收获，独处的时间也是你需要的。

根据前面的描述，你了解了所有的同事吗？若想进一步了解所有的性格类型，可以阅读有关色商性格类型的全部章节，然后阅读第二十五章《适应其他工作环境类型》。

· · ·

总之，蓝色/红色内向性格者睿智、分析能力强、常常反思自己。你们比任何其他性格类型者都重视想法和知识。你们渴望解释万物，但是不要试图去控制它。活到老学到老是最重要的，你们比大部分人获得的学位和证书都要多，尤其是在抽象或理论方面的学科上。

无论你选择何种领域，你都会成为有远见的智者、科学家或建筑师；但你通常喜欢独自贡献自己的知识与力量。因为你痴迷于对知识的追求，你总是忽略生活中的简单细节。在别人看来，你很孤傲，因为你可能平时都没有适当地维系人际关系。总的来说，你有能力取得优秀的创新成果。

第二十章　金色性格人群概况

金色性格人士是四类色商性格类型中人数最多的一类，约占世界人口的46%。如果你并非其中一员，但想知道怎样识别金色性格者，怎样与这种性格的人打交道，可参照本章结尾“识别具有金色性格的同事”提供的建议。

索尼娅·索托马约尔，美国最高法院大法官

美国最高法院大法官或许是美国最“金色”的工作之一了。在这个职位上的一位女性完美地诠释了金色性格特征，她就是索尼娅·索托马约尔。（这位有名的金色性格者是由作者索亚·泽奇于1999年亲自测试的）

索托马约尔坐到美国最高法庭的位子，经历了漫长的职业生涯。索托马约尔这种一步一个脚印的奋斗史具有典型的金色性格特征。她的父亲是一名波多黎各（Puerto Rican）的工具、模具制造商，他去世时索托马约尔只有9岁。她的母亲是一名护士，坚强、有能力，把索尼娅和哥哥送到天主学校接受教育。

他们住在国民住宅计划的公寓（尤指供低收入者居住）里，索托马约尔回忆说，灶上总是有一个装满米和豆子的大锅或妈妈做好的培根鸡蛋三明治。这是母亲把他们和他们的朋友留在家中，远离楼梯间那群吸毒者的方法。

在这里，索托马约尔接触到众多城市的弱势群体。“这里有努力工作的穷人、绝望的穷人、沉迷的穷人，”她回忆说，“不同的孩子会做出不同的选择，你会看到不同的选择最终将呈现出不同的命运轨迹。”

索托马约尔的选择是什么呢？为了提高自己的英语水平，她阅读了南希·德鲁（Nancy Drew）的所有书；为了实现做侦探的梦想，她津津有味地看佩里·梅森（Perry Mason）的所有电视节目。她注意到一个细节，佩里·梅森通常必须获得法官的允许才能做一些事。“突然之间，我被点醒了，”她回忆说，“我意识到，法官在这档电视节目中扮演着非常重要的角色。不知为什么，在我十岁的时候，我就与这个职业紧密地联系在一起，那时我决定，这将是我一生的事业。”

通过导师引荐，她顺利进入普林斯顿大学并申请到了奖学金。在国民住宅计划这种环境下成长起来的索托马约尔觉得自己和其他同学几乎没有什么共同之处，但这种差距并没有阻止她走向成功。“最开始，我发现自己的词汇量很少，写作能力很差，我几乎不知道任何经典著作，”她客观地描述着过去的自己，“所以在夏季课时，我自行补习了语法，每天学习十个新单词，开始制定计划，一点点读完没有读过的书。”正是这样一步一个脚印的努力彻底改变了她的生活。从普林斯顿大学毕业后，她进入耶鲁大学法学院继续深造。在这里，她曾担任法学杂志主编。金色性格者是天生的编辑。

凭借这些成就，她成功就职于曼哈顿地区的检察官办公室，担任检察官。5 年后，她到帕维亚及夏（Pavia & Harcourt）的一家律师事务所工作，开始接触房地产、就业、金融、合同、代理法和知识产权等领域。1992 年，儿时的梦想终成现实，她成为一名联邦地区的法官。6 年后，美国参议院任命她为美国第二巡回上诉法院（the U. S. Court of Appeals for the Second Circuit）的法官，她也因此成为第一位进入全美第二高级法院的波多黎各女性。

2009年8月8日，索尼娅·索托马约尔成为最高法院的第111位法官，是最高法院的第一位拉美裔法官和第三位女性法官。

索托马约尔说，她的领导优势在于条理井然。“我可以找到完成事情的最直接、最快捷的路，”这位金色性格者说，“我会在同事做完事后认真思考怎样做会更高效。”索托马约尔承认金色性格者也会有盲区，“有时候，我做决定太快了，但是没办法，如果我不那么做，就会陷入纯逻辑思考，忘记考虑他人会如何反应。”

沃伦·巴菲特，伯克希尔哈撒韦公司创始人

另一个备受尊敬的金色性格名人是投资家沃伦·巴菲特。金色性格者通常拥有超常的把控能力（尤其是过去的信息），他把公司的股票价格由1955年的每股19美元增值至2012年的每股116 914美元。而巴菲特仅仅把自己看作这450亿美元家当的管家。

巴菲特的投资理念呈现出非常典型的金色性格特征。Goodstewardship.com网站首席执行官，雷·林德（Ray Linder）这样评价巴菲特：“他的高明之处不在于精准地预测未来的价值，而是比他人更了解过去的价值。”

巴菲特精心地梳理了蓝筹股公司十多年的资产负债表，得出结论：该公司的市值绝对高于当前股价。他在IBM、可口可乐、宝洁和伯灵顿北方圣太菲铁路公司投入巨额资金，在美国经济衰退期间，他的损失低于大部分投资者。

如大部分金色性格者一样，巴菲特避开债务和杠杆，保证200亿美元流动资金，为合适的投资机会做准备。林德总结说：“据说，他在

投资选择和个人生活中表现出现实、脚踏实地的处事风格。”

金色性格者是企业和公共机构的骨干。作为社会的管理者，你很适合管理及服务类的工作，如管理人员、货物、统筹计划等。你对手下有保护欲，看重细节，尊重程序，拥有超强的项目跟进能力，能调动他人实现明确的目标。金色性格者很适合制定政策，你们的职业目标通常社会地位高、权力大、受人尊重。“放手去做吧”这句话概括了金色性格者的心态。

作为金色性格者，你可能会怀疑这本书的价值，宁愿去处理一些更具体的事情。我们为你简化了这本书的架构，你可以直接阅读描述你们性格特征章节的“谈判策略”部分。在这部分，你会找到有效应对不专注、不专业的同事的具体技巧。如果你尝试过的所有其他方式都失败了也没关系，这些策略会帮到你。你也可以阅读第五章、第十章和第十五章的“识别……”这一部分，对其他色商类型性格者的基本特征有所了解。对难相处的同事试一试这些建议，评估所得结果。

识别具有金色性格的同事

外部环境线索

- 通常是管理层或经理。
- 办公桌保持干净。
- 喜欢无褶边的装饰。
- 文件整理得井井有条。

个人习惯——个人行为

- 有时间观念，准时。
- 穿着保守，多为优质服装。

· 遵循规章制度。

· 注重细节。

· 逻辑性强。

· 有责任心。

· 对他人给予的肯定与赞赏有所回应。

个人习惯——措辞

· 采用具体、线性的思维方式、交谈模式。

· 持怀疑态度，谨慎。

如何与金色性格者打交道——“风格转化”建议

· 认可金色性格者的职位、头衔与成就。

· 有条理地逐一阐述你的观点。

· 真实、准确。

· 接地气。

· 避免开放性的思维和抽象的理论。

· 可靠、及时、信守承诺。

· 为会议做好准备；不“即兴发挥”，顺利完成演讲。

· 遵循程序，注重层次。

· 把节约资源排在重要位置。

· 使用具体的词汇与短语，如成本、投资回报、时间表、这证明、第一、第二、第三。

第二十一章　金色/蓝色外向性格

你不仅仅具有金色性格，你的性格中也透露出强烈的蓝色性格特征，即第二性格。经测试，你的色商为外向型，这意味着你为自己充电时喜欢与他人相处而非独处。你有逻辑，注重稳定、高效，需要归属感。你非常善于制定时间表和系统。

首要激励因素

因为性格外向，太长时间独自工作会让你感到不安，效率低下。争取在开放的氛围中工作。你需要和同事一起工作，并且这些同事必须与你一样有能力且专注。金色/蓝色外向性格者约占世界人口的9%。没有你们，商界将停滞不前。

在招聘和面试时，金色/蓝色外向型性格者的首要激励因素包括：

- 权利。
- 提供与掌握技能相当的补偿。
- 在公司里的职位受到认可，有良好的发展前景。
- 采用经事实检验过的方法，遵循传统方法，喜欢稳定。
- 有提高系统效率的机会。

企业文化——寻找最优匹配

寻找或者创造最优工作环境是所有性格类型人的责任。不同色商性格类型的最优文化氛围不同，一家公司的优势放到另一家公司或许会变成劣势。企业文化本身可能不会功能失调，比如，金色性格者讨厌红色性格者喜欢的东西。冲突、削弱的优势、怨恨及挫败感都是文化匹配不成功的表现，倘若你了解自己的喜好，就可以避免这些问题。

金色/蓝色外向性格者最喜欢的工作环境具有以下特点：

·在受人尊敬的知名企业工作。

·稳定、可预见未来的工作环境，有明确的规则和报告机制。

·奖励、独立、行政技能强、忠诚度高的员工。

·坚持按“原计划”行事，更喜欢用事实验证过的方法。

·团队成员务实、勤奋。

·能够明确未来的晋升方向。

如果你认为以上这些点显然与自己匹配，那说明你的测试结果正确。与红色/绿色内向性格者的理想工作环境对比一下。

金色/蓝色外向性格者最不喜欢的工作环境具有以下特点：

·不断变化，模棱两可，缺乏明确目标。

·同事不可靠、不负责，过于敏感，每天处于混混沌沌的状态。

·未来不确定，尤其是在企业和项目的启动初期，如没有经事实验证的程序。

• 没有归属感，如独自工作。

经营管理现状，塑造个人形象

金色/蓝色外向型性格的管理者最重要的任务之一是建立他的执行声誉，或者说“品牌形象”。忽略这个任务的机会成本就好比投资高风险股票。不要忽略“品牌形象”的打造……除非你做好准备，能够接受失去一切。你的品牌形象赋予你强大的内心去做对的事情，而且在必要的时候你也可以营销自己。

金色/蓝色外向性格者在塑造个人领导形象时应该利用自己胆大的气魄做规划：把任务分配给适合的优秀员工，设定目标，把控进度。你让人觉得你能够把这件事情做好。

你是天生的领袖，富有强烈的责任感，是社区的中流砥柱。你有杰出的后勤管理能力，你知道需要做什么，然后有效地执行。

员工和客户是这样描述你的：冷静、可靠。你能给出精确的指令来完成清晰的、可衡量的目标。你是谨慎的冒险者，在必要时，你有能力做出艰难的、不受欢迎的抉择。你相信，只要自己想把某件事情做好，你就会采用验证过的正确的办法去做它。

案例一：金色/蓝色外向型性格者中的成功人士

玛莎·克拉克·高斯，董事会成员

玛莎是拥有超能力在幕后进行操控的人中的一员，好像整个世界的运行都要受控于他们。作为一个高精尖的董事会成员，玛莎·克拉克·高斯目前效力于美国水利工程局（American Water Works）、纽伯格·伯曼共同基金（Neuberger Berman Mutual Funds）及纽约安联人寿保险公司（Allianz Life of New York）。她擅长的领域有投资管理、审计及内部管制。

玛莎说："我很清楚内部管制的环境和程序对一个公司的成功来说有多么的重要。"

玛莎33岁成为美国诚保公司（the Prudential Insurance Company of America）的财务主管，这个职位在过去的50年里都由行业里的巅峰人物担任。金色/蓝色外向型性格者通常拥有过人的分析能力和重新规整组织的能力，这些能力在玛莎身上都有体现。她解释道："我让财政局从后台现金管理机构变成了拥有全球化金融功能的机构。我对如何管理公司的金融架构有深刻的了解和认知。"

这次的成功也给她带来了另一个机会，担任诚电基金集团（Prudential Power Funding Associates）总裁，管理特定行业的投资组合，主要做电力和燃气使用及能源开发的项目，玛莎手下管理着70亿美元的投资组合。与此同时，她担任博思艾伦咨询公司（Booz Allen Hamilton，Inc.）首席财务官，帮助公司在全球范围内做金融架构重组工作，一年内为公司省了4 000万美元。她是非常典型的金色/蓝色外向型性格者，她这样描述自己："我可以高度集中——快速定位当下的核心任务，我有杰出的逻辑思维能力。"

在现今世界，很多公司都需要像她这样杰出的金融分析能力及架构重组能力，以满足公司的业务和财务运行的需要。

融入团队，打造优质高效团队

是金子总会发光的，所以金色性格者发现自己经常带领团队。团队协作可以提高你的工作效率。让初创项目或企业井井有条是你的首要任务，但在你整理细节和实际操作时，要圆滑一些。你能够合理地分配资源，全面地评估过程。在你的管理下，不会出现任何细节上的纰漏。你可以在预算范围内按时完成目标。

然而，你需要时常提醒自己：保持圆滑的处事态度、按计划行事、在最后期限前完成任务，这三者同等重要。

交流方式

你只需要调整措辞，顺应其他颜色类型的性格，就可以改变局面，带来极其积极的影响。“主观分析与客观分析”“理论与实践”“循规蹈矩与灵活处理”这三组矛盾是绝大多数职场冲突的根源。如果能够“转变风格”，你就可以在磋商谈判、管理和面试过程中获得较大的竞争优势。

你有最低标准，你会从众多逻辑上错误的路中找到逻辑上正确的那条路。你的思考、交流方式简单、清晰、直接。你会不假思索地分享自己的想法，在敏捷地思考后快速回应。你会使用“事实”“传统”“受人尊重”和“证明”等词语进行回答。相反，和你有相同性格特征的蓝色性格者喜欢使用理论、行话、数据和专业术语。红色性格者喜欢用“刺激”“享受”和“现在”这些词。你在绿色性格者身边会不舒服，因为他们喜欢用抽象概念、隐喻和类比，常强调“价值观”“人际关系”“感受”和“友好”这些词语。

金色/蓝色外向性格者看起来干练、利落，你们喜欢与同事直接对话，不喜欢写信件交流。你可以有逻辑地、客观地、快速地解决冲突。你不会在背后闲言碎语，不会泄密，遵守时间表和在最后期限前完成任务。“转变风格”对你来说意味着接受他人的情绪和抽象的想法。

盲区

金色/蓝色性格者普遍存在以下盲区，其中一些可能对你来说也适用：

·决定什么是“对的”，给他人施加压力来认可你。

·打断他人，批评他人的逻辑；或许，你过于咄咄逼人了。

·爱管事。

·过于依赖过去的经验，导致错失现在的一些机会（比如，不善于预见或者应对市场变化）。

·专挑瑕疵，导致进程被拖延。

·过早地否定非逻辑或非线性思维。

引发疲劳和冲突的压力源

让金色/蓝色外向性格者产生压力和疲劳感的工作环境包括：

·标榜习俗和规则的同事。

·没有在第一次把工作做“正确”。

·目标或最后期限不确定。

·独自工作时间过长。

·在处理混乱事物或渡过危机时，自我怀疑。

·必须放弃自己根深蒂固的原则。

·在追求目标的过程中不经意间伤害到他人。

金色/蓝色外向性格者在极端高压下，可能会被情绪威胁甚至失控。如果你的行为没能纠正问题，你就失败了。然后，你可能会向他人说一些不现实的、消极的话，变得很冷漠。你可能很难控制自己在语言上的攻击性，常打断他人，评头论足。在闲暇时间，你会感觉自卑、抑郁、身体不舒服，平时忽略的情绪可能会爆发。

自我指导，探寻高效工作关系

若金色/蓝色外向性格者试图通过自我调整促进职业发展，那么首要的关注点应该是如何应对他人的情感和抽象问题。

求解与决策

金色/蓝色外向性格者有以下优势：

- 学习过去的经验，并加以应用。
- 用逻辑和因果思维控制进程。
- 收集并掌握大量的统计数据和经验数据。
- 高效地管理项目和人员，设计系统、程序和时间表。

遭遇挑战时提高效率的策略

人与人之间的挑战会削弱生产力。以下是你可能会面临的重大挑战及相应的自我调整策略：

- 必须单独工作。把这种任务委托给性格内向的同事，他们会感激你给他们独处的时间！或者提出要求在人多的环境下工作，从而提高自己的工作效率。

- 受他人情绪影响，误导自身逻辑判断。认可不同类型的智慧。情感也是有价值的，不成则败。找一个绿色性格者做自己的导师，从情感逻辑上指导你。用“如果……那么……”的句式处理情绪，例如，

"如果他这样想，那么他就会那么做"。

· 因为没有把他人的需求考虑进去，因而自己的付出遭到反对。接纳红色性格者和蓝色性格者的需求，少些条条框框。让绿色性格者认可你的方案对人带来的积极影响。在提出自己的看法前，要认可并赞同他人的付出。

· 质疑自己处理情景或控制自己情绪的能力。为了获得成功，你经常忽略自己的情感。当积累到一定程度时，你会爆发。当你觉得自己付出了最大的努力却一事无成时最容易爆发。试试这些处理方式：向红色性格的同事寻求帮助，让他在中期时帮你修正方向或解决危机；靠身体锻炼抚平自己的情绪。

· 不考虑他人的想法，排除障碍。你的逻辑分析或许可以找到"正确"的方向，但是对于那些"跟着直觉走"的人或"一直都是这么做"的人来说，你这套行不通。为了解决这一问题，在低风险的情况下，退一步，允许他们采取他们认可的方式，然后分析结果。

应对挑战的时候，放慢脚步。重新审视事实和细节。加入需要额外精力的想法（对人们的影响、长期策略）。随便找个方式去调节自己的情绪；如重新整理自己的藏书，按作者姓名排列，或分门别类，用这种方式重建秩序。重申自己对归属感的需求。

案例二：当你在职场穷途末路时

在兽医罗兰·贝蒂的照顾下，一只狗竟狂吠不止，这让这名金色/蓝色外向型性格的医生有些不知所措。他尝试了一切办法让这只狗安静下来，但都无济于事。

终于在让小狗镇静之后，贝蒂博士决定出门透透气。他意识到自己在使用兽医药方面的能力很薄弱——动物服药后总是没有好转。他都想放弃最近从父亲那继承的小型动物医院了，只不过这对于一个有着传统思想观念的金色/蓝色性格者来说不太实际。

他打算扩大规模——新添一些宠物配件和饲料或新开一个珍奇宠物的部门。但是这样一来，他就必须去雇用新人——或者让他的病号们跑去其他的兽医院看病。

然而，这个“白日梦”竟然在十个月之后实现了，贝蒂博士把最后一个病号交付给他最近雇的兽医了。在这之后，他马上下了饲养配件部的第一笔订单。在此之前他询问了几个饲养珍奇宠物的人如何治疗黑猩猩的皮肤病等问题，并计划着升级计算机系统以适应新的员工和业务。这个计划让他感到精力十足。

政治觉悟——会说话

色商系统很有价值的部分在于掌握各个颜色性格者的能力，如红色性格者本能的危机处理能力、金色性格者细致具体的思维和行政管理能力、蓝色性格者在保证自身利益前提下的战略思考能力。我们应该把令人恼怒的同事转变成自己强大的政治同盟。

绿色性格者。金色/蓝色性格者鲍勃最近被升任为产品研发部门的经理，他组织了一次会议，叫一些绿色/红色性格者来为今年的两个项目集思广益。他给了他们20分钟，但对程序的不了解导致他们需要更多的时间，且团队成员比较萎靡。在研究过色商系统之后，鲍勃在上午9点召开会议时还会给大家带来午餐。他一整天都在收集大家的意见直到下午4点。参谋团队为他带来了令人兴奋的创意。鲍勃的这一整天也没有白白浪费，非常有意义。

绿色性格者是四个基本色商性格类型中最以人为本的。他们这种知人善任的能力可能看起来有些软弱或不够重要，但是对你的逻辑来说很必要。你的性格类型很容易激怒绿色性格者，因为你容易忽视一些礼节，一心只想着尽快完成目标。绿色性格者不寻常的着装也会与你认为得体的穿衣品位有所冲突。你想集中精力在今天把事情干完，但是绿色性格者想知道明天市场会如何变化。坦率地说出你的评价，摒弃他们的价值观，因为你觉得它们根本没有逻辑性可言，但是你潜在的绿色性格的盟友会疏远你，不支持你。你要向他们解释，你认为探讨情感对你来说很困难，会让你迷失自我，这样一来绿色性格者会马上转变立场支持你。

谈判策略

·使用这些词语与绿色性格者对话，评估他们的反应：感觉、关系和温暖。

·强调自己并不想故意伤害谁，只是需要他们的帮助。

·尊重并赞赏他们的人际交往能力和对市场精准、快速的把控能力。

·为了确保他们的政治认同，在制定战略和策略时要把他们的价值观考虑进来。

·不要打断他们批判的逻辑或挑瑕疵。绿色性格者不按顺序讲，他们的逻辑和你完全不同。如果你给他们时间的话，他们会绕回来。

红色性格者。“当时我正要准备解雇阿桑蒂（红色性格者），他总是在办公室里打闹，还乱扔纸飞机。但是，今天机房里起火了，他动作敏捷，保留了很多数据，也救了我们。这让我对他有了不同的看法。”昆汀（金色/蓝色性格者）说道。

你的性格类型特别强调跟着计划行事，这会激怒红色性格者。红色性格者的优势是有所期待，甚至欣然接受项目中期的调整。红色性格者想看到项目的实际运营情况。你的长期规划在他们看来有些不切实际，他会拿实际情况跟你据理力争。对于金色/蓝色外向性格者来说，红色性格者处于即将失控的混乱状态；事实上，看起来感觉大多数都是在玩，很少在工作。这只是和成就导向的金色/蓝色外向性格者之间长期冲突的开始。当危机出现时，还是要派红色性格者去解决，他们充满激情。

谈判策略

· 观察红色性格者对以下词汇和短语的反应："行动""刺激""促进""让我们把实际的问题解决了"。不要过分纠结语义。

· 别再谈什么策略。使用具体、事实性的词汇，讨论现在具体做什么才能达到预期结果。

· 在计划阶段把他们的想法考虑进来。红色性格者在需要的时候可以当即想出应急计划。

· 不要进行微管理，让他们处理延期、模棱两可、未知改变等情况。

· 在你们都关注的事情上找到共同点。

· 让红色性格者参与商业计划。他们可以最有效地解决人才混乱的局面，通过具体的方式和应急计划为你促成新的合作机会。

蓝色性格者。"你什么意思？我的意见你一个都不赞同吗?!"罗伯特（蓝色性格者）争论道。"你至少应该看一看我们在其他方面所做的工作，而不是从头开始，那样会很浪费时间的。"肯特（金色/蓝色性格者）生气地说。

对于金色/蓝色外向性格者来说，蓝色性格者会把全部精力投入到制定策略上，常常忽视过去做过的工作。你的性格不会考虑任何变化过程可能会带来的益处，这会惹怒蓝色性格者。同时，你怎么可能会尊重一个办公室里文件堆得哪都是的人？但也并不是没有成功的可能，至少你可以凭借规章制度来完成目标。

谈判策略

·用词简短、简洁。

·使用“如果……那么……”句式，效果会很不错。

·如果他们允许你来执行计划，告诉他们你会支持他们。蓝色性格者需要你来找到可行的解决方案。

·调整措辞，使用理论、行话、数据和专业术语。用几个长期效益的例子来证明你的提议有价值。运用你的机智、聪明才智及逻辑推理能力。

外向性格与内向性格

如果之前的建议都没有起太大作用，那么说明你面对的是内向性格者。在这种情况下：

·虽然你可能难以理解为什么他们不喜欢社交，喜欢独立工作，但是你需要接受这个事实。尊重他们，不要质疑他们。他们需要足够的私密空间为自己充电。

·建议你降低热情，多多倾听对方的声音。

·建议你请他们讲出自己的想法，但是在他们想清楚之前不要强迫他们讲出来。

·建议你不要在他们停顿时插嘴。

根据前面的描述，你了解了所有的同事吗？若想进一步了解所有的性格类型，可以阅读有关色商性格类型的全部章节，然后阅读第二十五章《适应其他工作环境类型》。

• • •

综上所述，金色/蓝色外向性格者张扬、忠诚且果断，是说干就干的人。你们有责任心，做事有始有终。你们尊重传统，支持实践过的可行的方法，有权威。你们外向、直接，相信这个道理——眼见为实。

有些人可能会觉得你反应迟钝，但事实上，你在考虑手下所有人的需求，综合所有人的情况做出反馈。

第二十二章　金色/蓝色内向性格

你不仅仅具有金色性格，你的性格中也透露出强烈的蓝色性格特征。经测试，你的色商为内向型，这意味着你倾向的充电方式是独处而非与他人相处。金色/蓝色内向性格者或许觉得读这种关于“情感”的章节简直是浪费时间。然而，这章所讲的均是一种倾向性行为，与情感、情绪无关。色商系统是继迈尔斯—布里格斯系统的又一职场性格分类系统，在全球范围内的研究历时 70 年。

阅读本章后，你将有如下收获：①习得与同事相处的技能；②获得更强大的核心竞争力，解决烦躁和精力消耗等问题；③识别连续不断的冲突根源；④找到让他人认同你的程序及计划的方式。

首要激励因素

据研究表明，金色/蓝色内向型性格者的首要激励因素包括：

· 设定目标，制定计划。

· 建立并维持秩序，把控工作环境。

· 承担责任。

· 行为得当。

· 有归属感。

· 达到最低预期。

作为性格内向者，你还有一个至关重要的工作动力：能够高度集中、注意力不被打断的工作环境。为自己争取更多的私人空间吧！

金色/蓝色内向性格者占世界人口的9%，但没有你创造的秩序，社会的文明程度会减低很多。

企业文化——寻找最优匹配

寻找或者创造最优工作环境是所有性格类型人的职责。不同色商性格类型的最优文化氛围不同，一家公司的优势放到另一家公司或许会变成劣势。企业文化本身可能不会功能失调，比如，金色性格者讨厌红色性格者喜欢的东西。冲突、削弱的优势、怨恨及挫败感都是文化匹配不成功的表现，倘若你了解自己的喜好，就可以避免这些问题。

金色/蓝色内向性格者最喜欢的工作环境具有以下特点：

- 有形的项目、产品，可衡量的结果。
- 明确的要求和晋升机会。
- 一次攻克一个任务，不被打断。
- 整洁、有序的工作环境，得当的装饰和着装。
- 勤奋且遵守规则、秩序的同事。
- 受人尊敬的机构，工作稳定。

如果你认为以上这些点显然与自己匹配，那说明你的测试结果正确。与红色/绿色外向性格者的理想工作环境对比一下。

金色/蓝色内向性格者最不喜欢的工作环境具有以下特点：

- 目标不明确。

- 不限制成员数量，松散、聒噪。
- 没隐私，常被打断。
- 同事效率低下，不遵守最后期限。
- 同事心胸狭隘总把时间浪费在私人问题上。
- 根据直觉而非事实发放奖励。

经营管理现状，塑造个人形象

金色/蓝色内向性格管理者最为重要的任务之一就是建立他的执行声誉，或者说“品牌形象”。客观地说，塑造个人形象可以让大家了解你的成就、技能和荣誉，即提升你的地位。你的形象能让你搭建组织构架，必要的时候还可在内部提升自我。以下是对你的管理形象的总结：

金色/蓝色内向性格者擅长设置目标，制定计划，确保任务的完成。你们有定位精准的政策，注重“系统”和合同的作用，依照程序管理工作。

你们天生果断，擅长规划时间。有了这些优势，你们很快就获得权利。你们会奖励遵守规则的手下，因为公平、公正，所以你们受人尊敬。你们为员工提供稳定的工作环境和安全感。往往在职业生涯中期，你们就能成为公司的中流砥柱。

案例一：金色/蓝色内向型性格者中的成功人士

史蒂芬·布里尔，任职于灯光设计集团

你或许不知道，但你应该见过史蒂芬的作品，他太擅长做这些了。布里尔是纽约照明设计集团（美国东海岸最大的电视照明设计公司）

的总裁兼创始人。

拥有金色/蓝色内向型性格的布里尔是一个极具行动力的人。他有着20多年的电视广播灯光设计经验，获得过多个艾美奖（Emmy Award）。他曾负责《考斯比一家》（The Cosby Show）、CBS电视台的《大卫·莱特曼晚间脱口秀》（The Late Show with David Letterman）、CNN电视台的《安德森·库伯360度观点》（Anderson Cooper 360）及一系列奥林匹克和总统竞选辩论会的灯光设计工作。

让一切事情按部就班地进行是金色/蓝色内向性格者的优势。布里尔独立工作时，高效且准确。他说："我非常确定，我可以让事情从失败变为成功。"

他身为金色/蓝色性格者的管理偏好显而易见，这能帮助他在高压之下完成漂亮的工作。他说："高压环境很难让一个团队做出漂亮的工作；我会把那些冲突分成一些小部分，一点点解决；我发现，从这种角度看待问题，大家能更好地应对压力。"

融入团队，打造优质高效团队

金色/蓝色内向型性格者独立工作时效率最高。你总能按时在预算之内完成工作。史蒂芬·布里尔说："我分析了客户需求，进而适当地修改我们的反馈。"你可以从现实出发审视他人天马行空的创意，分析它们的流程和预算。你每次做事的时候只专注于一件，即便在高压下你也可以正常执行计划。布里尔说："我很善于组织有能力的团队，这正是客户需要的。"

你保证项目的效率、准确性、可预测性，富有责任感。虽然你可以找到问题的核心，知道如何把事情做好，但是你要尽量避免恪守程序。

交流方式

你只需要调整措辞，顺应其他颜色类型的性格，就可以改变局面，带来极其积极的影响。“主观分析与客观分析”“理论与实践”“循规蹈矩与灵活处理”这三组矛盾是绝大多数职场冲突的根源。如果能够“转变风格”，你就可以在磋商谈判、管理和面试过程中获得较大的竞争优势。

金色/蓝色内向性格者沉稳、务实，他们经常默默地观察外界，有幽默感。比起说出来，你更喜欢写出来，在回复他人之前会考虑清楚。你会使用“事实”“传统”“受人尊重”和“证明”等词语。与你有某些相同性格特征的蓝色性格者倾向于使用理论、行话、数据和专业术语。红色性格者喜欢用“刺激”“享受”和“现在”这些词。你在绿色性格者身边会不舒服，因为他们喜欢用抽象概念、隐喻和类比，常强调“价值观”“人际关系”“感受”和“友好”这些词语。“政治觉悟”部分为你提供了转变交流方式的建议。

你说话直接，不绕弯子，你会询问具体情况，按顺序说。你会有逻辑地、客观地处理冲突。你不喜欢在工作的时候讨论个人问题。

盲区

金色/蓝色内向性格者普遍存在以下盲区，或许其中只有少数几点适用于你：

- 优先考虑当下的效率，过早放弃新想法。
- 忽略市场变化，不修改计划。
- 过于依赖过去的经验。

- 过于看重冲突的起因，想要早点结束冲突。
- 指出缺陷，忽视建立融洽关系的重要性。

引发疲劳和冲突的压力源

让金色/蓝色内向性格者产生压力和疲劳感的工作环境包括：

- 制定了周密的计划却没能解决问题。
- 被人怀疑自己处理问题的能力。
- 不得不容忍最后关头发生的变化，或者必须“临时发挥”。
- 一些事被疏忽。
- 与没有想法、做事随意的同事一同工作。
- 你所做的一切被认为是理所当然的。

金色/蓝色内向性格者在高压下会爆发情绪，虽然你很讨厌别人这样。如果你担心情绪失控，你会选择退出，保持沉默，或用一系列事实质问他人。长期的压力会损害你的健康。“我的背部一直有毛病，都15 年了。”金色/蓝色内向性格的伊丽莎白·D. 说，“离婚后，这些症状就都消失了。”

自我指导，探寻高效工作关系

若金色/蓝色内向性格者试图通过自我调整促进职业发展，那么首要的关注点应该是提高处理变化、情感和抽象思维的能力。

求解与决策

金色/蓝色内向性格者具有以下优势：

· 发现并分析主要事实。

· 进一步落实现有想法。

· 集中精力提高效率。

· 提前计划，制定目标，把控流程。

· 使用其他有效果的方法。

· 在行动前再三权衡。

遭遇挑战时提高效率的策略

人与人之间的挑战会削弱生产力。以下是你可能会面临的重大挑战及相应的自我调整策略：

· 改变现状。你认为真正的力量存在于组织结构和等级之中。确实如此，感情和创新的想法也富含力量。你应该学习如何利用感情和创新的想法来提高现有的程序。保持开放的心态。制定计划，让一切尽在掌控之中。要知道现在尝试过且正确的方法在一开始也仅仅是创新的想法。

· 必须在大型团队或开放的办公室工作。提出要求在小规模的团队工作。争取私人的工作空间，提高自己的工作效率。

· 预知市场变化并有所应对。偏离计划确实很痛苦，但有时很有必要。结识蓝色性格者，必要的时候可以向他们寻求战略层面的帮助；结识绿色性格者，他们是人力资源或市场营销方面的人才。做好“转变风格”的准备。

· 忽略情绪因素因而失去他人支持。你有时候不理解为什么别人不理智地拒绝你颇有逻辑的程序。找一个绿色性格的导师，帮助你掌控“情绪智力”，使用“如果……那么……”的句式。欣赏他人，赢得人心，不要过于直率。

· 被要求在危机情况下担任领导职位。在这种情况下你会怀疑自己，效率下降。把处理危机的工作放权给红色性格者去处理，他们有激情处理危机。如果不能交给别人处理，那么就接受红色性格同事的建议，尤其是他和你的想法有出入时。

· 周围的同事懒散、八卦。这是对“转变风格”的挑战。红色性格者通常看起来很懒惰，但是他们就像是等待下一个任务的消防员。绿色性格者善于交际，他们可以找到需求并把它发展成业绩。认可他们，需要的时候借助他们的力量。

应对挑战时，控制自己对隐私的需求。然后一步一步做出规划，逐一完成。和老板进行一次有效的交谈，告诉他们你需要归属感。在闲暇时间，可以把工作和休闲结合在一起。做义工，看一场比赛，打理自己的花园，或者去旅行。

案例二：当你在职场穷途末路时

布伦特·塞缪尔斯热爱法律。小的时候他就喜欢扮演警察，告诉人们什么是对的，该做什么。金色/蓝色性格者认为人们应该循规蹈矩，如果不这样做，就应该承担相应的责任。

高中毕业后，他被警校录取。他学习如何去抓捕犯人，如何使用枪支以及如何制敌。他是一个勤奋的学生，十分享受模拟训练的过程，并最终以班级第一名的成绩毕业。

无独有偶。在一次买咖啡的时候，他正好遇到了便利店抢劫。当布伦特还在回想怎样使用枪械时，罪犯朝他开了一枪，打中了他的右股骨。

后来，他接受了几个月的治疗。领导开始考虑是否该让布伦特继续留下来做警察——不单单是因为受伤，还因为他在面临危机时的犹豫不决。布伦特也因此深受打击，他在警队的归属感就像他的腿一样破碎了。X光片显示他正在慢慢恢复，但是他感觉自己的职业生涯完了。

布伦特看着放射科医师卡特在检查他的X光片。金色/蓝色性格者可以发现既定的程序，可以注意到细节的变化。过了几个星期，布伦特已经和卡特非常熟了；两个月之后，两人已经制定了一个计划，让布伦特接受放射训练。警察局为他付了培训费用。而现在布伦特非常热爱自己的新工作。

政治觉悟——会说话

色商系统很有价值的部分在于掌握各个颜色性格者的能力，如红色性格者本能的危机处理能力、金色性格者细致具体的思维和行政管理能力、蓝色性格者在保证自身利益前提下的战略思考能力。我们应该把令人恼怒的同事转变成自己强大的政治同盟。

绿色性格者。丽萨（绿色性格者）提醒说："如果你坚持要让那些在30天内没有付款的客户交罚款的话，你真的会把凯伦和她所有的客户搞生气。"贾里德（金色/蓝色性格者）回答："我觉得我们不需要考虑情感因素。这是处理问题的最低标准。"丽萨又说："没错，但是如果凯伦跟我们闹翻了，把所有的客户资源都带走了怎么办？"

绿色性格者是四个基本色商性格类型中最以人为本的。他们这种知人善任的能力可能看起来有些软弱或不够重要，但是对你的逻辑来说很有必要。你的性格类型很容易激怒绿色性格者，因为你无法欣赏他们花哨的着装风格，你会反复考察他们对事实和细节的把控。抽象思维的绿色性格者经常会被你的顺序逻辑惹怒，他们经常感觉到你对他们评价不高。你自己并没有很想做事，但愿意帮助他人。绿色性格者经常受自己情绪的把控。你觉得那些挑战规则和程序的行为都是非常不专业的表现。对于绿色性格者而言，你的性格太率直、爱挑剔。他们不会冒犯你，但是他们会疏远你，不支持你。你要向他们解释，你认为探讨情感对你来说很困难，会让你迷失自我，这样一来绿色性格者会马上转变立场支持你。

谈判策略

· 与绿色性格者找到共同点，尤其是在项目中期时，因为此时，你应该更能敞开心扉，考虑他人的情绪。

· 向绿色性格者请教如何能更好地控制情绪。他们的反馈将是非常友好且有效的。当他们使用隐喻的手法时，让他们“转变风格”，跟你讲话的时候需要更具体点。

· 有耐心，尊重他人，赞赏他们的人际交往能力和过人的市场营销能力，即便你并不喜欢这样做。

· 确保他们支持你，把他们的价值观考虑进来。

· 向他们解释你喜欢辩论和批评是因为这是你的做事方式，并不是有意针对谁。让他们了解这一点可能需要一段时间，所以要常常重申这一点。

蓝色性格者。道格（蓝色性格者）异常激动地说：“为什么你不同意这个项目的升级计划？它能够保证22%的利润率，情况理想的话甚至能达到50%。”马克思（金色/蓝色性格者）回答说：“对于回报率少于30%的项目，我们从不冒风险跟进。”

对于金色/蓝色内向性格者来说，蓝色性格者会将他们的全部精力投入到制定策略上，但常常忽视执行的细节。虽然你们拥有一些相同的性格特征，但是你过于强调细节、过程和成本分析，而非完整的规划，这让他们很烦。在蓝色性格者看来，你执意执行试验过的正确的策略，不肯更改，这肯定会遭受批评和质疑。不要觉得这是针对你的，请记得，这其实是对你的一种褒奖，所以你要对此表现出兴趣。

谈判策略

·用词简短、简洁。

·使用“如果……那么……”句式，效果会很不错。

·把你的程序与他们的策划联系起来。比如说：“为了在 8 月引进新产品，你必须处理这些。”或者：“我会调研法律和专利方面的影响，避免你们遇到这方面的麻烦。”

·调整措辞，使用理论、行话、数据和专业术语。用几个长期效益的例证证明你的提议有价值。运用你的机智、聪明才智及逻辑推理能力。

红色性格者。布莱斯（红色性格者）报告：“我们需要暂停 322 号店的工作。龙卷风毁了整条街，镇上超过一半的居民都被安置到其他地方了。”但是托里（金色/蓝色性格者）回复说：“按照计划执行，建筑商说他们可以让当地工人来做。我可不想去跟领导汇报说我们要推迟工期。”

你的性格类型特别打击红色性格者的主动性，强求他们按照既定的计划行事，这会激怒红色性格者。红色性格者的优势在于进行项目的中期修正、在最后关头做修改以及处理威胁到“原计划”的危机。你也需要红色性格者来维护团队的和谐关系。当你指出逻辑上的纰漏时，重视当下的红色性格者会问：“请问这个‘纰漏’现在有影响吗？”

谈判策略

· 使用以下词汇、短语："行动""刺激""促进""让我们把实际的问题解决了"，观察红色性格者的反应。

· 控制你想批评"懒惰的"红色性格者的情绪。他们就像上了劲的弹簧，等待着下一次危机。危机结束后，他们会在这段时间小玩一下，让他们更多地了解自己的职责。

· 在你们共同关注的事情上找到共同点，如关注细节、有形的工作，相信自己的经验。

· 让红色性格者参与商业计划。需要中期修正项目计划时，他们可以帮你推进。

外向性格与内向性格

如果之前的建议都没有起太大作用，那么说明你面对的是外向性格者。在这种情况下：

· 你或许难以理解为什么他们时时刻刻都需要有人围在身边，他们为何享受这种喧闹的氛围。你需要尊重他们，切忌调整他们，因为他们的充电方式是与他人交流——正如你需要独处的时间一样，他们需要这种交流。

· 建议你参与需要深思熟虑的讨论中；采取中立的态度，不要过于质疑他人。

· 建议你多插话，保证切合话题即可。

· 你可以主动帮他们处理一些需要独自完成的工作。他们的感激会让你有所收获，独处的时间也是你需要的。

根据前面的描述，你了解了所有的同事吗？若想进一步了解所有的性格类型，可以阅读有关色商性格类型的全部章节，然后阅读第二十五章《适应其他工作环境类型》。

• • •

综上所述，金色/蓝色内向性格者非常负责、有耐心、忠诚、坚定。你们经常在职场中担起稳定军心的职责。你们的优势是制定并执行方针政策、计划，按时交付工作。你们可以胜任安排给自己的任何职位，无论是作为领导还是手下你都能确保整个团队准确无误且高效地运作。你们果断、义无反顾、公平对待所有人。有时候，你需要被需要，你已做好准备在团队中或者在朋友关系里扮演家长的角色。

第二十三章　金色/绿色外向性格

你不仅仅具有金色性格，你的性格中也透露出强烈的绿色性格特征，即第二性格。经测试，你的色商为外向型，这意味着你为自己充电时喜欢与他人相处而非独处。作为一个金色/绿色外向性格者，你友善、外向、有活力。传统、和谐、合作对你来说很重要，无论是作为领导者还是团队成员，你都能够细致地利用好人力资源和有形资源。

因为性格外向，太长时间独自工作会让你感到不安，效率低下，争取在开放的氛围中工作。你需要和同事一起工作。金色/绿色外向性格者约占世界人口的14%。在所有的性格类型中，只有金色/绿色外向性格这个类型能达到这么高的比例。你们对这个社会最大的贡献是有效整合资源的能力及人际交往能力。

首要激励因素

在招聘和面试时，金色/绿色外向型性格者的首要激励因素包括：

- 以价值为基础的使命感。
- 帮助他人完成目标的机会。
- 尊重传统的环境。
- 可预见的未来。
- 和谐、和睦的工作环境。
- 你的贡献被认可。

企业文化——寻找最优匹配

寻找或者创造最优工作环境是所有性格类型人的责任。不同色商性格类型的最优文化氛围不同，一家公司的优势放到另一家公司或许会变成劣势。企业文化本身可能不会功能失调，比如，金色性格者讨厌红色性格者喜欢的东西。冲突、削弱的优势、怨恨及挫败感都是文化匹配不成功的表现，倘若你了解自己的喜好，就可以避免这些问题。

金色/绿色外向性格者最喜欢的工作环境具有以下特点：

· 稳定、有组织性、可预见未来的工作环境、有明确的规则和程序。

· 有可达到的预期目标。

· 可以控制有形产品或服务的交付。

· 与客户和同事合作频繁，有友好的管理氛围。

· 可以参与决策。

· 对高效、忠诚、亲善的行为有所奖励。

如果你认为以上这些点显然与自己匹配，那说明你的测试结果正确。与红色/蓝色内向性格者的理想工作环境对比一下。

金色/绿色外向性格者最不喜欢的工作环境具有以下特点：

· 注重抽象的理论。

· 充满竞争、同事不可靠、充满变化与突发因素。

· 有未解决的冲突。

- 不断变化，充满不确定性，混乱。
- 上司的指令往往忽视你的价值观。
- 以未来为关注点。

经营管理现状，塑造个人形象

金色/绿色外向型性格的管理者最重要的任务之一是建立他的执行声誉，或者说“品牌形象”。可以以一种让人难忘的方式向其他人宣传你的优势，建立品牌。

你的品牌形象赋予你强大的内心去做对的事情，而且在必要的时候你也可以营销自己。

金色/绿色外向性格者在塑造个人领导形象时应该从预估需求、处理细节和管理资源及程序方面入手。在现有的基础上整合资源并继续执行是你的强项。

利用自己胆大的气魄做规划：把任务分配给适合的优秀员工，设定目标，把控进度。你让人觉得你能够把这件事情做好。

日程安排、日历和列表是你的首选工具。员工是这样描述你的：忠诚、合拍、反应迅速；你善于激励他人合作，实现目标。你的手下觉得自己很重要，因为你让他们参与决策。你还具有很强的观察力，员工知道他们将被追究责任。你很少容忍那些滥用资源或质疑你权威的人。

案例一：金色/绿色外向型性格者中的成功人士

玛莎·斯隆，注册护士助理

典型的金色/绿色外向性格者天生善于与别人一起工作、做计划与发展、做预算。这就是玛莎·斯隆最优秀的三项技能。现在，玛莎是一名退休的人事主管，并且还负责培训新的注册护士助理。在这两个职位上，玛莎的核心能力都能得到很好的发挥。

“我的强项是聆听，我可以和各个年龄段的人交谈，”玛莎说，“从我爸爸生病的时候开始，我发现我喜欢上了照顾年长的人。但我现在更骄傲的是，自己可以招揽生意，经营一个公司。每当我给一个公司成功推荐一个优秀的员工时，我都感到十分满足。同时，我也非常享受指导他们如何写简历，如何面试。”

玛莎的主要压力源于短期规划及一些截止期限的要求，这会迫使她的工作无法满足自己的高标准绩效。她说：“我在处理这些情况时通常会隔一会儿就休息一下或做深呼吸。”有时候她会“把截止期限和制定短期规划放一放，先去做其他的工作”，让自己放松一下，恢复掌控力。

“直到2008年金融危机，我的公司才发展起来，广为人知。”玛莎回忆。面对未来，这个典型的金色/绿色外向性格者希望能够继续帮助他人。“考虑到过去十年的变化，你很难做出未来的战略规划，”玛莎说，“我试着去计划、做预算，然后尝试着按照计划和预算来运行。现在我非常享受和老年人一起工作的感觉，帮助他们，照顾他们，让他们感到自己的生命也同样重要。”

融入团队，打造优质高效团队

如果团队很和谐的话，团队协作对你来说十分令人兴奋。你通过促成双赢局面来解决冲突。在混乱的创业初期，你通过架构、时间表、系统、日程、预算、记录等形成秩序，然后你只需认认真真地执行下去。

团队成员发现通常都比较容易达到你的标准，准确率比以前提高了也更准时了。如果可以成功地动员他人，金色/绿色外向性格者会非常满意。

交流方式

你只需要调整措辞，顺应其他颜色类型的性格，就可以改变局面，带来极其积极的影响。“主观分析与客观分析”“理论与实践”“循规蹈矩与灵活处理”这三组矛盾是绝大多数职场冲突的根源。如果能够“转变风格”，你就可以在磋商谈判、管理和面试过程中获得较大的竞争优势。

金色/绿色外向型性格者温暖、关心他人，喜欢面对面的交流，不喜欢写信或发短信。你善于提问题，了解自己的实际情况，脚踏实地，反应迅速。你喜欢“事实”“传统”“受人尊重”和“证明”等词语。相反，和你有相同性格特征的绿色性格者喜欢用抽象概念、隐喻和类比，常强调“价值观”“人际关系”“感受”和“友好”这些词语。蓝色性格者喜欢使用理论、行话、数据和专业术语。红色性格者喜欢用“刺激”“享受”和“现在”这些词。

金色/绿色外向型性格者喜欢寻找与他人的共同点，经常与面对相似挑战的人分享自己的故事。此时要注意你的倾听者的吸收能力，尤其是那些思维发散的听众。

盲区

金色/绿色外向性格者普遍存在以下盲区，其中一些可能对你来说也适用：

· 喜欢已经被证实的方式，以创新和远见为导向。

· 不喜欢参与对抗或纠正反馈。

· 避免传达坏消息。

· 把批评当作针对个人的挑战而非职业挑战。

· 允许人们延长任务完成的时限。

· 忽略了自身的需求，或许在要求上没有明显的限制。

引发疲劳和冲突的压力源

让金色/绿色外向性格者产生压力和疲劳感的工作环境包括：

· 不协作的团队。

· 挑战自己的价值观。

· 当其他人受伤时，不遗余力地表现出对他人的关怀。

· 太多的责任和乱七八糟的事情。

金色/绿色外向性格者在极端高压下，可能会被情绪威胁甚至失控。你可能更关注他人，反而给自己太多压力了。你可以变得严厉点，有点老板的样子。担心坏事发生会让你产生抑郁、自我怀疑的情绪。你将来会过度地分析局势，并且过于依赖专家。

自我指导，探寻高效工作关系

若金色/绿色外向性格者试图通过自我调整促进职业发展，那么首要的关注点应该是如何应对他人的创新能力、抽象或发散性思维，以及随机应变的挑战。

求解与决策

金色/绿色外向性格者具有以下优势:

- 找到问题根源,然后实施最佳解决方案。
- 追根问底,询问例如"上次课是什么意思?花费有多少?对相关方有什么关系?谁签字?"等问题。
- 善于倾听各方的担忧。
- 针对当前的问题决策果断,但是针对长期目标时决策速度会变慢。

遭遇挑战时提高效率的策略

人与人之间的挑战会削弱生产力。以下是你可能会面临的重大挑战及相应的自我调整策略:

- 必须单独工作。把这种任务委托给性格内向的同事,他们会感激你给他们独处的时间!或者提出要求在人多的环境下工作,从而提高自己的工作效率。
- 面对质疑权威的人。你需要仔细聆听,这样被倾听者会变得乐于合作。他们建议怎样高效率地完成目标呢?
- 容忍而不是对付麻烦的人。和谐与协作可以产生难能可贵的生产力,但是承担过多的责任会让你产生怨言,消耗自己的精力。学习一下蓝色性格的同事是如何处事的;在应对麻烦的同事前,演练一下外柔内刚的方式。
- 实施必要的创新。你是"最优方法"专家,过度分析会促成"新方法"的产生,这些方法让人感到不舒服且易产生不稳定因素。当你投入了成本，开始执行且投入了人力资源，试着实施严谨的创新方法。

·过于认真地看待批评。批评对你来说好像是不和谐的因素，情绪会影响工作。当有同事批评你时，你要感谢他，然后重申别人对你的批评。比如说："谢谢你，克拉拉。这样一来我就清楚了。你说我过早地关注成本，总是打断你的思路?"确认他人同意你的观点，然后提出双赢的解决方案。

·应对抽象思维或发散性思维的人。绿色性格者使用抽象的战略思维，如"如果……那么……"。当他人接受了你的计划后，你要发挥自己的执行能力。发散性思维的绿色性格者会一直待在原有的轨迹上，关注同事的反馈。所有性格类型多多少少都需要"转变风格"。

应对挑战的时候，你通常会尝试重新建立和谐与归属感。接受对归属感的需求，而不是通过绝望或者过分的自我保护赢得更多的关注。在生活上做一些必要的调整，通过与朋友一起锻炼，释放压抑的情绪。

案例二：当你在职场穷途末路时

彼得·麦基弗找到了一份离家只有两英里的采购工作，感觉自己很幸运，省了很多时间和汽油钱。金色/绿色外向性格的彼得知道他可以很快与销售商建立起和谐的关系，快速地做出决策。

他非常乐意和销售商在公司假期时见面，帮公司以一个非常低的价格买到一批重要零件。但是，3个月之后，外向的彼得开始觉得自己独自坐在小小的办公室里很压抑。

他开始给销售商打电话。频繁的电话让一些销售商非常恼怒，其他人也在犹豫要不要回复他的信息。

后来，一个重要的销售商意外地破产了，当时还欠着他们公司价值 150 000 美元的重要组件。彼得和销售部经理一起去见那些因此受到牵连的客户。彼得解释了这个问题的缘由，然后与客户一对一地研究解决方案。

“你处理消费问题真的很厉害，彼得，”销售经理说，“我希望你能考虑加入我们的消费者研发部门。”

彼得同意了这个调动。他现在在一个开阔的办公室工作，一整天都在打电话或者与客户见面。他的能量好像永远都用不完，作为金色/绿色外向性格者，他善于交际的优势为他赢得了好几次加薪的机会。

政治觉悟——会说话

色商系统很有价值的部分在于掌握各个颜色性格者的能力，如红色性格者本能的危机处理能力、金色性格者细致具体的思维和行政管理能力、蓝色性格者在保证自身利益前提下的战略思考能力。我们应该把令人恼怒的同事转变成自己强大的政治同盟。

绿色性格者。“我们今天要把预算计划交给霍华德。噢，你和玛塔说了她的保险问题了吗？我这也有一些……所以我们需要召开一个电话会议，如果杰克也能参加的话，我们就能同时解决他的雇用问题了。”莎拉（绿色性格者）说了一堆。但柯尔特（金色/绿色外向性格者）很难记住这四个没有任何联系的突发事件。“慢点，莎拉！一件一件说！”他终于忍不住打断了她。

绿色性格者是四个基本色商性格类型中最以人为本的。你们的思维也同样最为发散；当你们与绿色性格者对话时，你们得努力整理细节和一步步的流程。他们并不想跟着流程走，他们想“创新一点”。你想集中精力在今天把事情做完，但是绿色性格者想知道明天市场会如何变化。不要用一堆细节“领着”他们；否则你绿色性格的盟友会疏远你，不支持你。你要向他们解释，你认为探讨情感对你来说很困难，这样一来绿色性格者会马上转变立场支持你。

谈判策略

· 使用这些词语与绿色性格者对话，评估他们的反应：感觉、关系和温暖。

· 询问他们怎样理解你的计划，强调自己并不想故意伤害谁。

· 尊重并赞赏他们的人际交往能力和对市场精准、快速的把控能力。

· 为了确保他们的政治认同，在制定战略和策略时要把他们的价值观考虑进来。

· 不要打断他们，即便当他们说话没有顺序时。做记录。你会注意到他们会提及所有要点，只不过不是按顺序提及。

红色性格者。“居民委员会已经叫停了我们的扩张计划，他们说我们威胁到了本土物种。我们用相反的方式进行扩张吧。”玛格丽特（红色性格者）说。汉森（金色/绿色外向性格者）指出：“我们已经处于被动了，你说的方式会比之前的预算多两倍。我们还是先看看如何安置这些物种吧。”

你的性格类型特别强调跟着计划和流程行事，这会激怒红色性格者。红色性格者的优势是有所期待，甚至欣然接受项目中期的调整。红色性格者想看到项目的实际运营情况。你的长期规划在他们看来有些不切实际，他会拿实际情况跟你据理力争。对于金色/绿色外向性格者来说，红色性格者看起来有点懒惰，或者处于即将失控的混乱状态；这只是和追求稳定和可预计性的金色/绿色外向型性格者之间长期冲突的开始。当危机出现时，还是要派红色性格者去解决，他们充满激情。

谈判策略

• 用以下词汇和红色性格者交流，观察他们的反应："行动""刺激""促进""让我们把实际的问题解决了"。

• 结合你们当下的共同需求，使用你们都喜欢用的具体、事实性的词汇，讨论现在具体要做什么才能达到预期结果。

• 在计划阶段把他们的想法考虑进来。如果出现危机，红色性格者会是很靠谱的盟友。

• 不要进行微管理，让他们处理延期、模棱两可、未知改变等情况。

• 不再无一例外地遵循规章制度和流程。

蓝色性格者。小张（蓝色性格者）说："这是应对信用卡注册业务削减的解决方案：降低处罚标准，然后延长还款期限。"但是，布兰登（金色/绿色外向性格者）回复说："这可不行。这会让那些竞争对手抢走我们的利润，领导是不会同意的。"

对于金色/绿色外向性格者来说，蓝色性格者会把全部精力投入到制定策略上，而往往忽视了过去做过的工作。你的性格会过于分析执行，重视对人的影响，这会惹怒蓝色性格者。在蓝色性格者看来，情绪是不相关的因素，只会让你分心；对你来说，情绪是主要的关注点。然而你们仍可以找到共同点来完成目标，如喜欢设计系统。

谈判策略

• 用词简短、简洁。

• 使用"如果……那么……"句式，效果会很不错。

• 如果他们允许你来执行计划，告诉他们你会支持他们。蓝色性格者需要你来找到可行的解决方案，让别人都合作起来。在这种情况下，你就找到未来的最佳方式了。

· 调整措辞，使用理论、行话、数据和专业术语。用几个长期效益的例子来证明你的提议有价值。运用你的智慧、聪明才智及逻辑推理能力。

外向性格与内向性格

如果之前的建议都没有起太大作用，那么说明你面对的是内向性格者。在这种情况下：

· 虽然你可能难以理解为什么他们不喜欢社交，喜欢独立工作，但是你需要接受这个事实。尊重他们，不要质疑他们。他们需要足够的私密空间为自己充电。

· 建议你降低热情，多多倾听对方的声音。

· 建议你请他们讲出自己的想法，但是在他们想清楚之前不要强迫他们讲出来。

· 建议你不要在他们停顿时插嘴。

根据前面的描述，你了解了所有的同事吗？若想进一步了解所有的性格类型，可以阅读有关色商性格类型的全部章节，然后阅读第二十五章《适应其他工作环境类型》。

· · ·

综上所述，金色/绿色外向性格者非常开朗，勇于实践且非常有条理。你能够给他人创造和谐而自然的工作环境，你应该为此感到自豪，要记住那些关键的细节问题，要对自己的观点坚定信心。

你忠于有名声的机构，你需要积极有效地去工作。要经常参加社区活动，你经常在慈善组织、社会组织及民间组织中工作。

你无法容忍那些伤害别人的做法，而且你会当面指正这样做的人。同时你也需要别人赏识你的努力与付出。如果自己所做的一切都没人注意到，你会感到非常恼怒。

第二十四章　金色/绿色内向性格

你不仅仅具有金色性格，你的性格中也透露出强烈的绿色性格特征，即第二性格。经测试，你的色商为内向型，这意味着你倾向的充电方式是独处而非与他人相处。你在生命中寻求一种恒定的平衡——你非常热衷于服务他人，但是你也需要大量的独处时间为自己的内在充电。你心思细腻，永远知道别人需要什么，为他们提供所需，在这种情况下你仍然有自己的独立时间。然而，今天的要求可能会打破你的平衡。

首要激励因素

据研究表明，金色/绿色内向型性格者的首要激励因素包括：

- 可预测、稳定的工作及环境。
- 周边同事、朋友获得应有的福利。
- 兑现个人承诺，尊重传统。
- 和谐。
- 被他人需要，有融入感。
- 为与自身价值观一致的愿景而努力。

作为内向性格者，你还有一个至关重要的工作动力：拥有思考和回想自由的私人工作空间。金色/绿色内向性格者占世界人口的14%，倘若没有你们满足他人需求的能力，所有人的生产力都会降低。

企业文化——寻找最优匹配

寻找或者创造最优工作环境是所有性格类型者的职责。不同色商性格类型的最优文化氛围不同，一家公司的优势放到另一家公司或许会变成劣势。企业文化本身可能不会功能失调，比如，金色性格者讨厌红色性格者喜欢的东西。冲突、削弱的优势、怨恨及挫败感都是文化匹配不成功的表现，倘若你了解自己的喜好，就可以避免这些问题。

金色/绿色内向性格者最喜欢的工作环境具有以下特点：

- 一次只关注一件事，基本不被打扰。
- 把掌握的技能用在有形产品上。
- 普遍接受的程序、标准，明确的规则，可实现的预期。
- 友好的、有组织纪律的工作氛围，同事间相互协作。
- 奖励工作准确性高的员工，将项目负责到底，能够后续跟进的员工，以最终结果为奖励依据。
- 在工作稳定、受人尊敬的机构享受长期的稳定状态。

如果你认为以上这些点显然与自己匹配，那说明你的测试结果正确。与红色/蓝色外向性格者的理想工作环境对比一下。

金色/绿色内向性格者最不喜欢的工作环境具有以下特点：

- 不断变化、混乱、紧张的氛围。
- 没有隐私，常被打断。
- 在交流过程中常使用隐喻等手法。

- 同事好斗，争强好胜。
- 奖励制度基于直觉而非事实准确性。
- 遥遥无期的奖励。

经营管理现状，塑造个人形象

金色/绿色内向性格管理者最为重要的任务之一就是建立他的执行声誉，或者说“品牌形象”。客观地说，塑造个人形象可以让大家了解你的成就、技能和可靠度。你的形象能让你在团队内部创造稳定的氛围和搭建组织结构，在必要的时候在内部提升自我。以下是对你管理形象的总结：

你实际、注重细节，擅长预估员工与客户的需求。你的项目跟进能力和后勤能力很突出。

和谐稳定是首要任务。你天生果敢，可以把任务分配给适合的人；在关键时刻，你能以很成熟的职业道德说服他人。你所在团队的每个人都了解全面的信息。你的领导风格是为他人服务。你更希望自己是决策的“二把手”——你不想生活在同事的关注下，你更希望专注于自己的义务。

案例一：金色/绿色内向型性格者中的成功人士

西尔维斯特·兰戈博士，整形外科医生

出生于斯洛文尼亚的西尔维斯特·兰戈博士经历过纳粹、法西斯主义以及共产主义，之后他在瑞士和美国学习医药学。如今，他是纽约的一名整形外科医生，擅长退化性骨骼和关节疾病的治疗。虽然早期的经历很艰辛，身为金色/绿色性格者，他凭借自身的能力组建一支成功的团队。“我并没有像运营公司一样来管理我的团队，它更像是一个大家庭。”西尔维斯特·兰戈博士说，“我很在乎与团队成员之间的关系。”

他对自己的成就感到非常自豪。他谦虚地说：“我不需要别人帮助我太多，在诸多障碍下，我可以处理好情绪和专业度之间的平衡。”

对他来说，最大的挑战是保险文案工作和处理客户的需求。即便如此，他的绿色性格占了上风，他说：“我希望按照自己的风格做事，与患者互动，帮助他们减轻压力和痛苦。”

乔治·亚罗柯基，作家及印度摩托车修理师

尽管已成功地创立了3家公司，乔治·亚罗柯基依然坚持说：“我从没想过要当老板。”就像大多数金色/绿色内向型性格者一样，乔治为人低调。

21岁的时候，乔治创立了自己的第一家公司，一个金属加工车间。他曾被两名员工当面质疑过。“我承认，他们是我不可或缺的人才，”乔治回忆说，“开除他们对公司来说是巨大的损失。”为了保证收益，乔治一直容忍他们的各种行为，直至出售了公司。“从某种意义上来讲，卖公司的决定也把我从他们两个身边解救了出来。”

他之后创立了一家生产反铲装载机附件的公司。他从一个职业经理人那取经，精心挑选新员工，那位经理人告诉他：“每天待在你身边的人必须是对你和公司都有利的人。”

“我按照他说的做了，”乔治说，“之后我和员工们和谐共处，度过了29年，我的公司也发展得越来越好。”

乔治一生都在追求激情，现在他又开了一家复古摩托车修理公司。同时他还在《复古之王》（Antique Ace）和《印度摩托》（Indian Motorcycles）两个刊物上发表了5篇文章。作为典型的金色/绿色内向性格者，他注重传统、稳定，恋家，现在的家距离小时候的家只有一公里左右的路程。

融入团队，打造优质高效团队

金色/绿色内向性格者真正具有团队精神。你务实、尽职尽责、注重细节……你是整个团队的顶梁柱。你为自己的高效率和靠谱感到自豪，从来都是在最后期限内完成任务。对你而言，成就意味着遵循规则，维护程序，预测需求，注重细节。你注重增强工作氛围的和谐与稳定。

作为团队领导者，你有爱心、耐心、认真负责，为团队提供积极的反馈和必要的资源支持。虽然你是谨慎的创新者，但是你鼓励他人表达自己的意见和想法。

交流方式

你只需要调整措辞，顺应其他颜色类型的性格，就可以改变局面，带来极其积极的影响。“主观分析与客观分析”“理论与实践”“循规蹈矩与灵活处理”这三组矛盾是绝大多数职场冲突的根源。如果能够“转变风格”，你就可以在磋商谈判、管理和面试过程中获得较大的竞争优势。

金色/绿色内向性格者安静、保守，愿意亲近他人，以人为本。你们喜欢一对一的交流，会提前利用充足的时间做好准备，并打印出相应的纸质材料。你会提问具体问题，善于倾听，然后用“事实”“传统”“受人尊重”和“证明”等词语回答问题。与你有某些相同性格特征的绿色性格者喜欢用抽象概念、隐喻和类比等手法，常强调“价值观”“人际关系”“感受”和“友好”这些词语。蓝色性格者倾向于使用理论、行话、数据和专业术语。红色性格者喜欢用“刺激”“享受”和“现在”这些词。“政治觉悟”部分为你提供了转变交流方式的建议。

你会主动去结识他人，但能把握好分寸，做到恰如其分。在肯定他人时，你一般不会分享自己的故事。你关注他人，给他人舒适的感觉，但你也会与他人分享建议和意见。你的个人影响是幕后型。

盲区

金色/绿色内向性格者普遍存在以下盲区，或许其中只有少数几点适用于你：

- 若不被赏识会感到气馁，不堪重负。
- 低估自己的价值，避免暴露在公众视野下的场合。
- 对于新概念、竞争和政治斗争等挑战，反应过度。
- 避免冲突，以保和谐；但不会执着于为自己的需求争取。
- 无法进行有逻辑的争辩，需要一定的时间来理清思路。

引发疲劳和冲突的压力源

让金色/绿色内向性格者产生压力和疲劳感的工作环境包括：

- 同事聒噪、没有礼貌、靠不住。
- 成为冲突或批评的焦点。
- 与过多人交往，反而失去归属感。
- 没有明确的方向感，如当发生改变时，没有时间做准备。

·觉得被利用，怀才不遇。

金色/绿色内向性格者在高压下会忧郁、自我怀疑，总想着最坏的结果，质疑自己的应对能力。你可能会变得冷漠、挑剔、对人厉声厉色，或者甘愿处于当下状态。你或许会选择逃离困难的情况，而非应对它或者表达自己的需求。

自我指导，探寻高效工作关系

若金色/绿色内向性格者试图通过自我调整促进职业发展，那么首要的关注点应该是提高自己应对及适应变化、创新和抽象思维的能力。

求解与决策

金色/绿色内向性格者有以下优势：

·根据以往经验有计划地行事。

·借助以往的成功证据，尽量减少变化带来的混乱。

·收集信息、评估并规划成本和计划。

·评估变化对自身和他人的影响。

·谨慎处理他人易疏忽的事情。

遭遇挑战时提高效率的策略

人与人之间的挑战会削弱生产力。以下是你可能会面临的重大挑战及相应的自我调整策略：

·改变现状。你认为真正的力量存在于组织结构和等级之中。确实如此，感情和创新的想法也富含力量。比如你应该研究过去的经验是如何体现效率的。落实想法。

• 必须在大型团队或开放的办公室工作。提出要求在小规模的团队工作。争取私人的工作空间。如果没有的话，你永远无法舒心。

• 预知市场变化并有所应对。偏离计划确实很痛苦，但有时很有必要。结识蓝色性格者，必要的时候可以向他们寻求战略层面的帮助；结识绿色性格者，他们是人力资源和市场营销方面的人才。做好“转变风格”的准备。

• 被要求在危机或充满变化的情况下担任领导职位。在这种情况下你会怀疑自己，效率下降。把处理危机的工作放权给红色性格者去处理，他们有激情处理危机。如果不能交给别人处理，那么就听从红色性格同事的建议，尤其是他和你的想法有出入时。

• 周围的同事总是在不断地创新或在工作时分享情绪。这是对你“转变风格”的挑战。绿色性格者很喜欢创新，可以在趋势改变前预知客户的需求。认可他们，必要时借助他们的力量。

当应对批评等挑战时，要知道这种反馈通常是针对工作，而不是针对个人的。如果发生冲突，请尽快做出回应；避免滋生怨恨。自由地安排时间，防止产生职业倦怠的情绪；拒绝完成他人的任务。让别人注意到你的成就，并得到应有的赞赏。若被迫与有战略思维或者直观思维的同事一起工作，你需要承担可控的风险。

案例二：当你在职场穷途末路时

金色/绿色内向性格的伊莲娜·蒙特兹早期在美国最大的猎头公司做秘书。3 年之后，她晋升为招聘专员，负责拉丁美洲市场。由于伊莲娜说着一口流利的西班牙语，所以拉丁美洲区的高管基本都知道伊莲娜。

在二三十岁的时候，伊莲娜为了一些重要的活动频繁出差到世界各地。对于渴望结婚生子的金色性格者来说，她发现别说结婚生子了，就连谈恋爱都越来越难了。内向的伊莲娜感觉再这样下去将造成无法弥补的错误。

在经历了与乳腺癌长时间的抗争之后，她发现都没人来照顾或安慰自己。因此，她决定以与之前想象中完全相反的状态活下去。

伊莲娜辞了工作，开了自己的猎头公司，然后聘用了两个招聘员。她发现了自身金色/绿色内向性格者具有的管理才能。为此，她放弃旅行，只跟两个人工作而不是与两百人工作，她发现自己之前的正能量慢慢恢复了。她开始频繁地约会，弥补流逝的时光。

又过了3年。伊莲娜现在可以拿到之前最高收入的85%了。她正在培养手下的一个员工来接替她的大部分工作，这样她就能在生下第一个孩子后和丈夫一起度过3个月的产假。她的癌症处于缓解期近两年了。她现在慢慢地接受了自己的金色/绿色内向性格，她知道自己需要独立的空间、稳定及可预见的生活——这些是之前的工作所无法给予的。

政治觉悟——会说话

色商系统很有价值的部分在于掌握各个颜色性格者的能力，如红色性格者本能的危机处理能力、金色性格者细致具体的思维和行政管理能力、蓝色性格者在保证自身利益前提下的战略思考能力。我们应该把令人恼怒的同事转变成自己强大的政治同盟。

绿色性格者。金色/绿色内向性格者布鲁斯回忆说：“同是团队领导的特里普（绿色性格者）经常在开会的时候问我对某件事情的看法。

当我打开文件的时候，他总打断我说：‘别在意这些，说一说你的直觉是什么?’当所有人都看着我的时候，我的直觉告诉我就是看看这些事实！当我忍无可忍时，我告诉他我不喜欢在工作的时候过于情绪化，那会让人一事无成。他非常惊讶——不过，现在他开始在开会前私下里问我问题。这非常奏效。”

绿色性格者是四个基本色商性格类型中最以人为本的。他们处理人际关系和情绪的方式或许不是你喜欢的那种方式——发散性，但是这种方式可以均衡你看重事实和按部就班的特点。

谈判策略

· 与绿色性格者找到共同点，你们都关注人这一要素。

· 当他们使用隐喻的手法时，让他们“转变风格”，跟你讲话的时候需要更具体点。

· 有耐心，尊重他人，赞赏他们的人际交往能力和过人的市场营销能力，即便你并不喜欢这么做。这样一来，你的计划和程序会得到更多的认可。

· 向他们解释你喜欢辩论和批评是因为这是你的做事方式，并不是有意针对谁。让他们了解这一点可能需要一段时间，所以要常常重申这一点。

蓝色性格者。蓝色性格者杰森抱怨说：“我花了很长时间才让财务部那些人帮我想到了一些为公司赚钱的新方法!”

对于金色/绿色内向性格者来说，蓝色性格者更愿意把他们的奇思妙想夹杂在创新的过程中，却往往忽略了实施时会遇到的细节、实施步骤以及开销等问题。站在蓝色性格者的立场来说：他们并没有表达不满，相反，他们是在表达自己的赞美之意，这说明他们对你所说的事情或方法很感兴趣。

谈判策略

·用词简短、简洁。

·使用“如果……那么……”句式，效果会很不错。

·把你的细节与他们的策划联系起来。比如说：“为了在8月引进新产品，你必须处理些事情。”或者“我会调研法律和专利方面的影响，避免你们遇到这方面的麻烦。”

·调整措辞，使用理论、行话、数据和专业术语。用几个长期效益的例证证明你的提议有价值。运用你的机智、聪明才智及逻辑推理能力。

·若蓝色性格者认为热情、友好等因素会让同事工作分心时，不要反抗。蓝色性格者从不看重社交这种事情，尤其是在他们全身心投入到某一优质项目的时候。其实，他们并不是不友好，而是与你的关注点不同。

红色性格者。红色性格者德克坚持说：“我需要用5 000美元的日常开销经费去拍卖行拿下竞争对手破产清卖会上出售的二手注塑机(Injection molder)。拍卖会就在今天下午，可以给我们省下来好几千块钱。”但是金色/绿色内向性格者卡米尔说：“恐怕5 000美元的额度已经超过了我的职能权限。你需要找老板签字。”德克回答说：“他们在城里！等不及了！快点，我现在就要去!”

要红色性格者按照程序办事或限制他们的自主决定权会激怒他们。红色性格者的优点是能够在项目中期做适当的修正并处理危机。若你想按照计划一成不变，红色性格者会回答：“实际情况没那么简单!”

谈判策略

·使用以下词汇、短语："行动""刺激""促进""让我们把实际的问题解决了"。

·控制你想批评红色性格者散漫的情绪。他们定期需要危机的刺激；即便没有危机他们也会搞丢重要的钥匙，乱放文件，制造危机！无须帮他们——他们只是需要刺激。

·在你们共同关注的事情上找到共同点，如关注细节、有形的工作，相信自己的经验。

·让红色性格者参与商业计划。需要中期修正项目计划时，他们可以帮你推进。

外向性格与内向性格

如果之前的建议都没有起太大作用，那么说明你面对的是外向性格者。在这种情况下：

·你或许难以理解为什么他们时时刻刻都需要有人围在身边，他们为何享受这种喧闹的氛围。你需要尊重他们，切忌调整他们，因为他们的充电方式是与他人交流——正如你需要独处的时间一样，他们需要这种交流。

·建议你参与需要深思熟虑的讨论中；采取中立的态度，不要过于质疑他人。

·建议你多插话，保证切合话题即可。

·你可以主动帮他们处理一些需要独自完成的工作。他们的感激会让你有所收获，独处的时间也是你需要的。

根据前面的描述，你了解了所有的同事吗？若想进一步了解所有的性格类型，可以阅读有关色商性格类型的全部章节，然后阅读第二十五章《适应其他工作环境类型》。

• • •

综上所述，金色/绿色内向性格者做事认真、善于思考、需要私人空间。你们享受被他人需要的感觉。你们拥有敏锐的观察力，可以精准地记忆细节，为人忠诚。

若从各方面评价你，你可以保证团队完成任务。无论在职场、家庭还是志愿工作中，你都表现得稳妥有序。因为你很自信，愿意凭借自身优势服务他人或帮助别人。

第二十五章　适应其他工作环境类型

简（绿色性格者）在芝加哥的一家大型保险公司里负责客户服务。她需要帮老板瑞奇（蓝色性格者）做一场陈述报告，招纳新员工。瑞奇有些犹豫，他知道简出色的客户人际关系大大提高了公司的业绩，但是她在管理方面能力不足。作为经理，她不能给手下做出简明扼要的反馈。瑞奇质疑她是否能够管理更多的人，是否太过优柔寡断。他想妥当地处理这件事。

人们辞职大多是因为老板或同事的原因，并非工作本身。“如果不是因为我的经理，我会非常热爱这份工作。”“如果老板不总在我耳边催促我干活的话，我是可以按时完成工作的。”这些话听起来耳熟吗？

职场上不和谐的人际关系实际上是有原因的，找到原因也就找到了相应的解决方案。一些色商性格类型会与其他人发生冲突，因为他们看不到别人的优点。如果你想让经理给你一个更轻松的工作环境，首先要辨别他的性格类型分类，发掘他们的自身优势。你会发现，用习惯或易于接受的方式来讲话，也就是说让自己“转变风格”也是可行的。

通常来说，你没办法让别人比如你的老板接受第二章的自我评估测试。所以，你还需要“侦探”他人的色商性格类型。本章节介绍的这些技巧将帮你有效地辨识他人的色商性格。（这些技巧也能促进你工作之外的人际关系，如与配偶、父母、公婆及孩子等。）

一旦你确定了某人的色商性格类型，就可以开始改变你与他之间的交流方式了。随后，会有两种情况发生：一是你会从职场对手和原本相处不愉快的同事那里得到更多帮助，甚至是他们的尊重；二是你开始欣赏他们的优点，甚至会慢慢喜欢上他们。

瑞奇了解了一些有关性格差异的资料后意识到自己需要改变与简的交往方式，简大幅度提升了公司的销售业绩。他没有像往常一样，速战速决地开个20分钟会议就完事，这次，他带简出去吃午餐，还询问她儿子下棋的技术是否有所进步，瑞奇也很喜欢这个棋牌游戏。他让简简单总结了目前员工之间的冲突，但是他没有马上询问问题的解决方案。他们一起头脑风暴，想出了很多解决问题的方式。简也慢慢放轻松了，她承认自己有时会刻意逃避处理团队之间的分歧。如今，团队之间的分歧已经发展到了不可控的局面，她觉得自己有必要接受人际关系管理培训了，所以决定寻求瑞奇的意见。瑞奇觉得自己成功地教导了一名有价值的员工，非常激动。他同意了简增加员工的请求，虽然这次只同意多雇用两名员工，才是要求的一半，但是日后还有机会增加员工数量。

如何评估他人的色商性格

想要确定一个人的性格类型，需要充足的时间进行密切的观察。但是了解了他们的色商性格、性格内向/外向偏好后，必将大幅度改善你的交流方式。

简单来说：每个人都有金色或红色的性格成分，及蓝色或绿色的性格成分。而且，每一个或外向或内向。

为了找到揭示人们性格组成的线索，首先要了解他从早到晚的工作环境，然后再评估其交流方式。

· 如果有金色性格成分：他们的办公桌通常非常整洁，没有成堆的文件，所有物品摆放有序。金色性格者从项目开始到结束，或在新的项目的初始阶段，保持认真、严肃的处事风格，且准时。（详见第二十章的介绍《金色性格人群概况》）

· 如果有红色性格成分：他们的办公桌上通常杂乱无章，有成堆的文件。虽然一切都在进展中，但没有顺序可言。红色性格者通常松懈、放松、幽默（坐着的时候经常将双脚放在办公桌上），还经常迟到。（详见第十章的介绍《红色性格人群概况》）

· 如果有绿色性格成分：他们的办公室多有色彩丰富的装饰或常穿戴波西米亚风格服饰，摆放很多家人和朋友的照片。他们经常进行小规模讨论，为你排忧解难。（详见第五章的介绍《绿色性格人群概况》）

· 如果有蓝色性格成分：他们的办公室常摆放大量的研究资料、业务参考资料以及奖项证书。蓝色性格人群常给人一种距离感，他们会将人际关系维持在专业的工作沟通程度。通常情况下，他们说话简单明了，会不间断地评估你，很少闲聊。（详见第十五章的介绍《蓝色性格人群概况》）

简（金色性格者）是广告主管，目前在发展潜在客户亨利。首先她约到了亨利的老板凯西来了解团队的需求。简注意到凯西的办公室里有很多家人和朋友的照片。凯西热情地接待了她，端来了咖啡，然后询问她这几年在广告部的发展。在接下来的交流过程中两人发现都是艺术生联盟课程（Art Students League）的成员。当简把话题转向工作时，凯西很快提供了她所需要的信息。之后简来到亨利的办公室，她注意到亨利在墙上挂了很多获奖证书，他还有一个参考资料库。他看着简，等她做陈述。简把详细的资料递给他，开始陈述方案，询问他的看法。当他说出一堆批评意见，简并没有因此生气。因为她知道这实际上是他感兴趣的表现。现在，她只希望能够说服他了解并认可自己在公司服务方面的专业度。简意识到凯西是绿色性格者，亨利是蓝色性格者。准确地辨识出每个人的性格特点让她终身受益。

人的性格分为内向、外向两种。两种性格的人都有他们各自的优点，只是呈现方式不同。以下这些线索将揭示一个人的内外向性格因素：

· 外向性格者比较健谈，爱大声说话，经常指手画脚。他们说话不过大脑，说完之后又常常改变主意。

· 内向性格者善于聆听，他们往往拥有温柔却层出不穷的能量，很少指手画脚。他们总是经过深思熟虑有了明确的想法之后才会回答。

我们可以通过观察人们说话的方式来确定他们的性格分类，随之适当调整自己的交流方式。这样的调整会让他人感觉更舒服，也更愿意接受你的意见。

与其他色商性格者在工作中的相处

无论你是管理他人、激励他人，向他人销售，还是与他人合作，色商系统都可以为你优化与之交流的方式。建议你运用本书提供的技巧与烦人的老板、同事或员工相处，然后记录下来观察结果。如果你能准确地评估他们的颜色性格的组成（包括主要性格类型及第二性格类型），将会显著改善你与他们之间的人际关系。这样一来，你的合作能力及鼓励他人的感染力均会有所提高。接下来的内容将教导你如何更好地与每一种色商性格类型的人交往。

与金色性格者顺畅地交流沟通

黛安（绿色性格者）是一个家具产品商城的市场部副总裁。她因改革与创新备受关注。她总跟员工待在一起，鼓励他们多一些奇特的想法（甚至是疯狂的点子）。但是，她与销售部副总裁帕特里克（金色性格者）在项目合作上一直存在问题。在帕特里克的管理下，部门超额完成公司两年的目标销售量。公司安排黛安和帕特里克一起做市场和销售工作。帕特里克是一个很讲究细节的人，而黛安常纵观大局。帕特里克显然对黛安没什么耐心，他关心的是公司预算和销售计划。然而，黛安认为在计划的初始阶段，想法比数字更为重要，她觉得应该在弄清大局之后再开始做销售计划。两个人的矛盾不断激化，双方的老板都不停地施加压力，催促他们制定最终方案。

当管理金色性格者时，向他们说明你确切的预期，然后提供稳定的环境，明确沟通方式及授权范围。你需要表现得果断，有组织纪律能力，要强调公司程序及最后期限的重要性。然后放任他们自行完成工作，尊重他们工作的独特技能。

当试图向金色性格者推销，说服他们或与他们一起工作时。所有的报告和会议必须顺利地进行。要可靠、准时、脚踏实地，严格按照要求行事，一定不要含糊不清，保证真实性、准确性。避免“感觉上”“相信”等词语，尽量使用“成熟的”“传统的”“尊重的”等词语。尊重他们所在部门或者公司的等级制度；如果他们告诉你需要跟其他人谈一谈，通常情况下，他们是认真的，并不是想赶你走。

对色商系统有了一定了解、认识之后，黛安意识到帕特里克符合所有金色性格者的特征。她开始按照他易于接受的方式来说话。相比之前，她更准时参加会议。帕特里克开始注意到黛安的观点和想法，而且被她的创新观点说服了。最终他们一起制定了非常成功的革新策略，直到现在他们还经常合作制定新项目。

与红色性格者顺畅地交流沟通

约翰（金色性格者）是一家制造公司财政部的副总裁。他认为公司的新总裁唐纳德（红色性格者）非常难交往且做事不专业。唐纳德注重行动，追求短时间内出成果。他并不关心约翰提供的详细报告和建议，甚至很少看他写的东西。当他们一起走进大厅时，唐纳德希望约翰能够当即给出最终答复。唐纳德对约翰谈及的内容越来越没耐心，总是试图说服他。他经常告诉约翰“把这些过程都省略，请直接告诉我结果”。

相比之下，其他部门的同事对自己的工作热情满满。他们创意不断，项目完成速度也更快。约翰不能理解为什么他的老板能够取得这样大的成功，还那么受欢迎，而自己这么辛苦，注重细节的工作却不被大家欣赏。他对唐纳德意见很大，因为领导不给自己升职加薪。

当管理红色性格者时。面对面交流是更好的选择，红色性格者通常不重视备忘录和电子邮件。他们需要被刺激，要提供有趣、自由和独立的想法去吸引他们的注意力，要在自己的领域登峰造极。他们是生产力、适应力最强，最灵活的性格类型。红色性格者不仅享受危机，甚至会在无聊时给自己创造些危机。红色性格者难以被控制，也不太可能被操纵，但是倘若给予他们必要的自由，他们绝对不会让你失望。尽量避免会议、条例规则及长篇大论的备忘录，让他们跟着感觉走。

当试图向红色性格者推销，说服他们或与他们一起工作时。多使用行为类的动词，比如“刺激”“热闹”“挑战”“享受”或“面对”。要亲自示范，不要用幻灯片展示。对于红色性格者来说，时间非常重要。如果他们的注意力开始分散，就不要再继续下去了。注意观察一些注意力分散的表现（比如拿起手机），征求他们的意见，是否要择日再议。说话时，你得直切要点，避免过多理论性的陈述，强调你的解决方案迫在眉睫。要灵活、开放，时刻准备好接受他们果断的决策，当然，这些决策可能下一秒就会被推翻。

金色性格的约翰不属于红色性格者唐纳德的世界。人力资源部门试着去劝说约翰。但他拒绝改变自己的想法，他觉得应该和唐纳德专门开个会展示这个方案。虽然几个月前唐纳德就让约翰更新计算机以便快速得出结论，但约翰拒绝这样做。（唐纳德对待跟不上他步伐的人尤其没有耐心）最终，约翰决定辞职。他目前就职于银行，担任副总裁，现在的老板很喜欢罗列工作细节及具体步骤，与约翰很合拍，约翰因此在这家银行安定了下来。

与蓝色性格者顺畅地交流沟通

蓝色性格者的鲍勃和绿色性格者的玛丽在辛辛那提的一家银行做财富管理工作。他们在相邻的柜台共事了 5 年，却在优先事项和客户管理策略上矛盾不断。

鲍勃熟悉金融事务，在处理复杂的投资问题上有着过人的天赋。

然而因为经常要约见客户，鲍勃对此很反感无奈。在现有客户的推荐下，玛丽的新客户群体不断壮大，对此玛丽十分自豪。玛丽不同于鲍勃，她非常享受接客户电话，频繁与他们约见探讨业务。两人对市场表现的讨论总是无法达成共识。玛丽感觉自己缺乏把握更高等级投资趋势的能力。鲍勃觉得玛丽一直接电话，不停地打断两人的交谈很烦人，总在一旁挖苦她的交谈没什么意义。

当管理蓝色性格者时，你需要以有战略性的远见来吸引蓝色性格者的兴趣，说明自己目前工作的未来发展及可能带来的全球性影响。最重要的是，在自主环境下为他们提供最低限度的指导。与他们辩论，但不要挑战他们的权威；这就是吸引他们兴趣点的方式。听取他们的见解，认可他们的分析能力；他们会帮你赚很多钱。

当试图向蓝色性格推销，说服他们或与他们一起工作时。你得是个非常能干且懂得创新的人，否则蓝色性格者不会理会你。首先展示你的大局观及长远潜力，尽量避免过多地陈述事实。不要因为他们说的话去反击他们；相反，要用风趣、机智、有逻辑的方式来对待他们。避免使用一些类似“感觉上”“相信”的词语，尽量使用“想”和“知道”这类词语。

玛丽和鲍勃听从了老板的建议，参加了一个性格类型的研讨会。会议之后，他们意识到虽然彼此的工作方式不同，但是都能给公司创造可观的效益。他们开始互相分享客户源。鲍勃喜欢高端投资领域的工作，玛丽则负责帮助普通的家庭客户设定财政目标。公司的业绩因此提高了40％。更重要的是，他们找到了各自的价值，逐渐享受讨论不同观点的乐趣。

与绿色性格者顺畅地交流沟通

当管理绿色性格者时，从先前的例子来看，玛丽等绿色性格的员工需要和谐的环境和合适的机遇来成长。如若周围存在激烈竞争和矛盾冲突，将会给他们的发展造成不利的影响。把你的工作关系个性化，用适合的方法关爱绿色性格者的家庭、爱好及宠物。要与之共同建立一些积极向上的愿景，容许绿色性格者有自由空间去实现它。你要以圆滑的方式频繁地做出回馈；严厉的批评和威胁会摧毁他们的战斗力，相比森严的等级制度，他们更愿意协同工作。

当试图向绿色性格者推销，说服他们或与他们一起工作时，询问绿色性格者，他们需要什么，用心聆听。不需要期待连续的谈话，要给他们足够时间回到问题的原点进行思考。当介绍你的产品或解决方案时，给他们陈述你的大局观、对未来的展望及对人类的影响。

鲍勃开始像玛丽那样说话，学着“以人为本”；而玛丽也慢慢习得鲍勃处理数字的能力。两人最终达成双赢。

外向性格与内向性格

在通常情况下，人们喜欢与外向性格的人打交道。他们往往精力充沛，比其他人更健谈，肢体语言丰富。他们经常刚说出口就改变主意，需要有人不断激励他们。他们将世界联系在一起。

内向性格的人多倾听，往往有一种柔和的能量，他们不会指手画脚，深思熟虑后才会给出答复。如果你性格外向，在跟内向性格的人说话时，请尽量控制你的激情，降低你的声音，避免过多的手势。如果有可能，尽量发个邮件提前告诉他们你想讨论的内容。永远不要快速跳入他们的思维，不管你多么想发表观点。

有一次，我需要为一个重磅金融发布会组建一支队伍。我打电话给美国银行（Bank of America）的执行副总裁，邀请他来做一个演讲，为其他嘉宾提供一些建议。我知道他是一个非常内向的人，他在电话里沉默了很久。

大约过了 7 分钟，我一直静静地坐着，不做任何评论，他却在脑中给我搭建了整个项目的架构，包括主题、演讲者以及备选，在这期间我没有说一个字！他跟我分享了他的想法，建议我打电话邀请其他嘉宾成员，还感谢我没打断他的思考。我用自己的方式办事，用不到 15 分钟的时间完成了别人 3 天的工作量。

如果你性格内向，在跟外向性格的人说话时，你可能会觉得谈话不舒畅。为了让谈话继续下去，外向型性格者会问很多问题。如果是这样的话，你最好提起精神做出一些回应，适当地点头或微笑。

· · ·

在你学习调整自己工作风格的过程中，应该会发现自己与不同色商性格类型者的交往能力有所提高了，前提是你正确地判断了他们的色商性格类型。工作风格的转变会帮你改善人际关系，减少团队之间的冲突与矛盾，工作也会进展得更顺利。你甚至会有升职、加薪的机会或者找到梦寐以求的工作。

第二十六章 创新途径：基本类型

莉莉·克莱巴诺夫·布雷克，董事会成员及新兴市场专家

绿色/红色性格者是所有色商性格类型中最具有创新潜质的，正如莉莉·克莱巴诺夫·布雷克的职业生涯所展现的那样。布雷克说她最引以为傲的是“在市场刚刚起步的时候，能够进入市场并且朝着正确的方向前进，虽然走的这些路和聘用的人并没有经过考验，甚至连自己能力如何都不确定”。

20 世纪 90 年代，苏联解体后分裂成 15 个单独的国家。当他们计划采取市场经济时，布雷克作为“苏联共和国经济发展的前驱之一，带领国家从计划经济走向市场经济。因为旧的经济体系被推翻，新的高效体系尚未落实到位，这一期间充满动荡，必须有人来负责谈判，为国家的经济发展指引方向，在未知的领域完成经济的转型”。尽管在这种情况下，布雷克仍然可以保证复杂的税务问题及法律问题顺利解决，不仅如此，她还获得了在哈萨克斯坦建造办公酒店、写字楼的批准。

布雷克也走在美国医疗保健演变的最前沿。她在纽约管理预算办公室（New York City Office of Management and Budget）工作，代表纽约市跟整个州和联邦政府就有关医疗健康和法律方面的问题进行谈判。她曾是贝尔维尤（Bellevue）医院顾问委员会的成员，负责卫生和医院集团（the Health and Hospitals Corporation）资本委员会的人员

配备。

“在我所有的职业中，我从来没有使用任何选定的线路图，也没有任何模板可以参照，”布雷克补充道，“我经常是某个领域的第一人。”

韦伯斯特（Webster）的《新世界字典》（New World Dictionary）对创新下了新定义：“引入新的理念、装置等；做出改变。”作家马克·道奇森（Mark Dodgson）和大卫·江恩（David Gann）在他们的《创新：简短的介绍》（*Innovation：A Very Short Introduction*）中把创新的定义缩短为：“被成功应用的想法。”他们把创新描述为“在产品或服务的生产过程中发现的。在企业或机构的制造过程发现的，如：系统中、工作架构中、实践中、供应安排中、与合作伙伴的合作中，最重要的是与消费者沟通或寻找消费者的过程中。”

很显然，创新包含了很多行为。引进一套新的概念所需的实力和技能不同于引进一套新的设备。当公司要求员工创新时，会出现四种不同的表现：

1. 金色性格者（程序管理者及资源管理者）变得紧张多虑。

2. 绿色性格者（文案专员/客户体验专员/市场专员）会留意自己听到或者经历过的不满事情，并且试着寻找解决方案。

3. 蓝色性格者（专家及战略计划专员）会寻找绩效不佳的原因，然后试着提高并改进它。

4. 红色性格者（实际的技术人员和危机管理者）会感到兴奋，时刻观察着周围，想要找到一些自己可以插手推进的事情来做。

每一种色商性格类型（尤其是紧张不安的金色性格者），都能为创新带来独特价值。公司可以通过发挥不同色商性格类型的优势让员工在工作上取得更大的成功。

下面就是具体的实行方法。我们先把创新分为两种类型：概念型和具体型。

概念型创新

这种类型的创新与创造新概念、习俗、趋势、法规以及专业机构等相关……总之就是任何基于精神世界而非物质世界的东西。我们可以举例说明这一概念：你为一家虚拟的软件新贵公司（Upstart Software Company）工作。公司的目标是研发一种赶超微软的文字处理程序。下面就是你该如何在概念层面上竭尽全力。

金色性格者。坐下来慢慢放松。你所做出的贡献会在后期体现出来，搞清楚需要多少新员工和程序才能完成最终的工作。控制自己不要把所有不成熟想法的担忧表达出来。等到最后三个问题出现后，只需说出你最关心的问题。如果这些创新包含了政府规章，你的贡献将至关重要。

你的优势：执行行政细节工作。

绿色性格者。列出你所有的不满和与文字处理相关的最喜欢的事情。你需要和别人交流，然后得到回馈。无论是从市场影响方面还是产品最终验收的关键时期，人们对使用新产品的看法都是至关重要的切入点。提出问题：如何营造口碑相传，告诉消费者这个产品非常好用（如操作简单、有趣或时尚）？与团队中的蓝色性格者分享这些反馈，他们会把这些考虑到他们的技术层面。强制自己去参加一些相关的专业会议（尤其当你是外向性格的话）。

你的优势：找到好的包装点，让受众认为这个产品值得买，也值得推荐给他人。

蓝色性格者。评估竞争产品的所有主要和次要部分。提出类似问题：未来趋势会是怎样的？会不会过时？哪里有漏洞？哪里还可以提高？我们如何才能制造出在技术层面上胜出的产品？要保证你和绿色性格者一起工作，实时了解产品在情感及技术层面上的问题。这两方面都有助于你打败对手。

你的优势：运筹帷幄，改良最合适的理念，然后将这一理念落地。

红色性格者。展望长远未来不是你的优势，你的优势是：执行力、依据具体的步骤行事以及解决短期问题。像金色性格者一样，在这个阶段你需要静静地坐下来放松，也许应该去看看竞争对手的软件有什么有趣的地方可以借鉴。与蓝色/绿色性格者分享你的发现。到了最后三步的时候，讨论一下操作过程中可能发生的具体问题。然后，研究应急措施。重点思考：我们如何才能避免我们的新概念陷入困境？

你的优势在于：思考时，永远把用户友好因素摆在最前位，处理中期调整。

材料或产品的创新

这种层面的创新包括研发新型原材料、新产品以及新的分销链等，总之就是任何基于物质世界而非精神世界的东西。虚构的软件新贵公司要研发一种超越微软的文字处理软件，为了达成这一目标就必须发明一种有趣的新型计算机设备来传播它。下面是你致力于新材料研发阶段的方式。

金色性格者。在最后三个设计成型时，与蓝色和红色性格者合作密切。你的资源管理能力会帮你确定最经济适用的那一个。还需要讨论研发费用、销售商、可行性等所有关键因素；如果生产产品的话，还需要考虑原材料、制造组件及人力资源的需求。提出以下问题：哪些资源需要准备？公司的行政人员需要什么？支付、送货和空间需求怎样？

你的优势：在资源分配问题方面，你是所有色商性格类型里面至关重要的。

绿色性格者。你不擅长机械领域。你对产品研发过程的贡献是：与人们沟通，了解他们会对新型计算机设备所提供的功能给予什么反馈。是不是实用呢？在不看说明书的情况下，能学会如何使用它吗？设计理念合理吗？提出以下问题：这种新设备的人机交互水平怎么样？

你的优势：很直观地去了解人们需要什么，了解无论从买方还是卖方的观点来看，如何才能很好地设计人机交互。

蓝色性格者。在这四种色商性格类型里面，你是最善于构建具体模型的人。把自己隔离起来，这样就不会有人来打扰你了。在纸上或者计算机上作草图，想法一出现就把它记下来，避免丢失。你可能会为了研发新产品连续想几天，所以要让同事做好准备，你可能会在这些天与他们暂时性缺失交流。但是，不要缺席更新进度的会议，因为你可能会发现自己的想法跟大家最终的决定不一样。询问以下问题：哪些是之前从未被做过的？为什么没有人试过这些？怎么才能让这个设备吸引更多的用户？

你的优势：去探索别人从未探索的领域。

红色性格者。你在机械领域收获的快乐远大于其他任何领域，动手修修补补都会让你非常开心。这些是你的表现机会：建立微缩模型，放飞思维，点燃激情。但首先你得确保这个新设备得心应手，它必须能调动你的兴趣、操作简易或者能给使用者的生活带来方便。与蓝色/绿色性格者一同工作，他们是想法比较多的人，而你是实践型选手。需要改进产品时，你们要一同努力。试着解决以下问题：怎样才能让这个产品顺利工作？怎样才能让产品使用起来简单？怎样才能让产品使用起来有趣？

你的优势：拥有机械方面的天赋，能够镇定地解决眼前的问题。

如果创新失败了，那通常是因为公司把某一色商性格类型指派到错误的工作岗位。在这种情况下，虚构的软件新贵公司根本无法超越微软。

·要求一个拥有机械制造天赋的红色性格者去制定技术层面的长期战略（应该使用蓝色性格者）。

·要求一个赋有市场调研天赋的绿色性格者去发掘潜在客户和受众（应该使用金色性格者）。

·要求一个行政管理能力出众的金色性格者决定是否接受一个新的理念（这种情况应该大家共同完成）。

·要求一个善于制定战略计划的蓝色性格者去做装配工作（应该使用红色性格者或者金色性格者组成的团队）。

团队越是多样化，解决问题的方法就越多。关键是要综合实际型和抽象型的思考者，让他们从自身优势出发。可以在不同的阶段让不同色商性格类型的员工来带领队伍，将团队的冲突最小化。

信息方略（CIO Insight）评选的2011年度最佳商业书籍：《逃离：伟大的领导者如何通过创新维持可持续增长——为什么其他人失败了》定义了四种不同层次的创新。他们与四种性格类型不谋而合。转型创新可以改变社会，有远见的蓝色性格者最适合这种创新。品类创新是在消费者之前找到他们的需求，有主动性的绿色性格者最合适这种创新。市场创新是让消费者以新的、有趣的方式参与进来，这种创新需要务实的能够带来有趣点子的红色性格者。执行创新是机构内部的创新，是行政职能型的金色性格者擅长的领域。

最低标准：如果你准备创业或创新，就要给不同色商性格类型的人安排正确的工作任务。如果你试图从人性的弱点开始分类而不是优势，失败是必然的；当你给员工安排适合他们的正确岗位时，你会发现他们的力量是无穷的。

第二十七章　协商补偿

当涉及有关金钱的问题时，每一种色商性格者都会展现出各自的优缺点。但是要注意的是，本章的题目不是“协商工资”。工作形式的补偿有两种形式——金钱上的补助和非金钱上的补偿。所有类型的色商性格者都需要足够的补偿，但是补偿形式需要基于不同类型的性格来设定。

金钱上的奖励包括工资、奖金以及津贴，也包括休假、医疗保险、养老金、俱乐部会员资格等。非金钱性质奖励包括升职、榜样激励、授权激励、尊重激励等。如果无法升职，那么你就必须争取更多的非金钱奖励，沟通技巧与你看中的东西构成了你的“补偿形式”。

最适合协商的性格类型是蓝色性格者、红色性格者和金色/蓝色性格者。你们通常什么都能谈得拢！金色/绿色性格者多数处于中间水平。最不适合的是绿色性格者。过多谈论金钱违背他的个人价值，他几乎会为此辞去工作。

下面是在同一个办公室发生的两个实例：

杰克（蓝色/红色性格者）大步跨进老板的办公室做自己今年的工作评估。他会在三件事上继续努力，在其他方面也有提高的空间。“这值得庆祝一下！”杰克高兴地跟老板说，“给我加薪15%作为奖励怎么样？这样能激励我尽快制定明年的计划，应对挑战。”老板对员工加薪的最高上限是7%，超过7%只限于有杰出贡献的员工。“杰克，我不认为我应该给你15%的加薪，”他说，“最多给你5%。”

“你我都知道这是公司规定的最低标准，”杰克说，“为了迎接更多挑战，请你告诉我你能给予的最高额度。”

“好吧，我最多给你6%的加薪，但是首先我想听听你在三个需要提高的方面有没有什么好的想法，你会怎么做?”老板问道。

杰克认定6%一定不是老板心里的真实限额。“你可以看到我去年取得了很大的进步。加上你也说过你很需要我快速解决问题的能力。还记得2月份时我是怎么帮助罗伊斯特节省支出的吗？我觉得我至少应该有10%的调薪幅度。”

老板停下来想了一下：罗伊斯特那边今年确实节省了5%左右的开销，所以他才有理由要求10%的加薪。“是的，你是对的，杰克。我想我可以给你增加到8%。”

杰克皱着眉说：“那样我一年才挣73 000美元。我的朋友在LMN公司跟我做差不多的工作，一年可以挣到80 000美元，而且他告诉我他今年还升职了，公司需要招聘一个新人来接替他的位置，起薪都有75 000美元。我不想离开这里，但是我必须为我自己和我的家庭考虑。你能为我做些什么吗？或许可以帮我支付医疗保险?”

老板回答说：“我没有帮员工支付医疗保险的先例，但是我想我可以给你支付75 000美元的工资。”

“太棒了，老板!”杰克说，“我现在就去改进工作。顺便说一下，罗伊斯特邀请我3月去参加他们的头脑风暴。公司可以出钱让我妻子也一同参加吗？她是罗伊斯特姐姐的朋友。”

“没问题，杰克。”

接下来是托尼的评估报告。他是绿色/红色性格者，他手中拿着一份报告，一副沾沾自喜的样子，报告上面详细汇总了他工作各方面的提高及一些突出的表现。他不需要做很多东西，只需提供明确的批评性意见。托尼有些泄气，他之前计划向老板要3%的加薪，现在他的希望几乎破灭了。

老板上来就说："我今年可以给你5%的加薪。"

托尼非常惊奇。他的努力终于得到认可了。在听完老板对他能力的评价之后，他都不知道还能不能得到什么其他东西。"5%太棒了，老板！非常感谢你！我的家人也会非常高兴的！"托尼往后靠了靠，希望今年公司能给他配一辆车，因为他经常需要出去跑业务。

"不客气，托尼。好好工作。"老板站起来向他伸出手来握手，心里想从托尼这里省下来的钱可以去支付杰克要求的加薪。在接下来的一年里，托尼听说周围的人都得到了7%左右的加薪，但他认为自己只有5%是因为无法提供良好的批判性反馈所导致的。

事实并非如此。其实，托尼没有得到更高的加薪是因为他没有娴熟的协商技巧。托尼本应该得到至少7%的加薪（因为他的工作表现更加突出）。如果他开口要求的话，公司给他配一辆车也是情理之中。但是，为自己争取加薪，让他感到很不自在，相反，他习惯于被动的赏识。托尼需要大胆地表达出自己的过人之处。

如果让你比较蓝色/红色性格者与绿色/红色性格者，你会看到极端的两种性格——一种得到很多，另一种得到很少。其他色商性格则处于两者之间。

绿色性格者的补偿模式

金钱对于绿色性格者的诱惑远远小于其他颜色性格者。这说明他们需要的是个人发展、欣赏及他们热爱的东西。绿色性格者很在乎那些非金钱的补偿——比如创作自由、个人能力的提升、被赏识、同事关系及对公司使命的信任。金钱让关系变得紧张，绿色性格者非常需要和谐的氛围。“我的同事就像是我的家人，”特雷莎说，“薪酬并不是最重要的，如果我在这不开心，我会选择离开。”

你所偏好的非金钱补偿是和谐的工作关系、创造性的表达及改变这个世界的能力，可以为自己争取提升个人能力的教育课程和额外时间。

绿色/金色性格者的协商技巧。你不会强制要求加薪。你知道公司也不会随便克扣对你的补偿，公司是有底线的。

绿色/红色性格者的协商技巧。是的，在这个案例分析中我们已经透彻地分析了你的协商方式，结果不尽人意，但也是对你的一种提醒。协商一下！你将会惊讶于你所能得到的。如果你不能说服你自己去开口要求加薪，至少可以争取更多的休假时间，更多提高自我技能的培训或者找一个更厉害的导师。如果可能的话与蓝色或者红色性格者演习一下。专注于你贡献的价值及如何提高自己。别人都是这样做的。

红色性格者的补偿模式

红色性格者通常不担心金钱问题，你觉得今天花了钱，明天可能会挣到更多。今天的经历才是最重要的。“钱固然好，”红色性格的特伦斯说，“如果你不能花钱来提高自己的生活质量，让生活变得尤其有趣，那就失去了挣钱的意义了。”如果你有储蓄账户的话，那也是为下一次探险而准备的。收益稳定的投资可以让你保持稳步发展，因为你敏锐的观察，你总能处于时代最前沿，这有利于你的存储账户，你的薪资谈判能力也有利于你的存储账户。

你喜欢的非金钱性质补偿是共同掌权、行动自由、项目独立以及充满刺激。去争取更多的项目控制权、灵活的时间和旅行机会吧！

红色/蓝色性格者的协商技巧。做你该做的事情，不要吝惜时间去指导其他色商性格类型的人，尤其是绿色性格者。你是最棒的。

红色/绿色性格者的协商技巧。你是很棒的协商者，也许比红色/蓝色性格者更为放松，当你谈完离开的时候，他们都会很开心，你也尽可能多地为自己争取到了加薪。同样，你也需要去指导其他色商性格类型的人。

蓝色性格者的补偿模式

对你而言，金钱是对能力和成就的认可。你认为现金流远远比资源更加重要。你优秀的战略技巧会让你成为更加杰出的资本运作人，但过于自信的时候你很可能会犯错。幸运的是，你的专业知识、成就和谈判技能保证你可以获得高额的补偿。

你偏好的非金钱补偿包括再教育机会及行政上的支持。为自己争取一个助理、教育机会、写专业文章的时间或在行业峰会上发言的机会。

蓝色/金色性格者的协商技巧。在开始协商前，你对自己的估值甚至已经精确到了每一分钱。你深知从战略层面上来说，你并不能接受最初的条件。钱或利益都是争取来的；如果是可取的，你就能得到它。但是要注意，不要让你的自信变成了过度的傲慢，或忽略了人性的一面。如果老板已经疲倦了那种斤斤计较的人，你这种做法会事倍功半。

蓝色/红色性格者的协商技巧。你知道自己有什么价值，什么是可取的以及如何去得到它。你在协商补偿、战略联合、创新及主动性等方面有着过人的天赋，你最有可能得到老板额外的奖励，经常会有意想不到的额外津贴。如果老板不太愿意，你就要运用你的智慧以及语言去打破僵局。

金色性格者的补偿模式

你们这种性格之所以被称为金色性格是因为具有掌控金钱的能力。对你而言，钱就是保险。你们会做详细记录：预算必须详细，账单必须即时核对，现金流每天都要准确无误，冲动的花销更是绝对禁止的，你会留有预备资金来处理一些紧急情况从而避免向他人借钱。金色性格者经常可以提前退休。

“大约在工作评估结束前两个月，我总结了自己在过去半年的所有成就。然后我看了公司的业绩，跟竞争对手对比了一下。”莎拉（Sarah）说，“当我和老板谈话时，我手上有足够的事实来证明我的价值。”

你所偏好的非金钱补偿能反映出你把控细节能力、掌控自己所负责领域大局的能力。争取升职的机会，努力成为负责人，让其他员工确保所有的程序进行顺利。

金色/蓝色性格者的协商技巧。你是个不妥协的谈判者，害怕失败也害怕自己的家人伤心。你已经精确地分析了自己的价值。或许你会遇到更多苛刻的要求和绝望；如果老板没有给你7%的加薪而只给了你5%，你会觉得幅度只要在安全线上就行了，不会考虑更多了。

金色/绿色性格者的协商技巧。你的绿色性格部分需要和谐，谈到钱会让你感到很不舒服。你会发掘自己的价值，但是可能会让谈判桌上的人感觉你所要求的一切都不太切合实际。你不会接受第一个条件，但是很可能会选择去接受第二个。高深的职业道德应为你获取最高的补偿，你的家人也都指望着你。与蓝色或者红色性格者演习一下，试着学习他们如何得到更多期望之外的补偿。

• • •

最低标准——了解你的性格模式，发挥它的优势，正视它的弱势。面对薪酬补偿的事，你只需要记住一个词，那就是“最大化”。

第二十八章　代际冲突还是性格冲突?

一直以来，代际冲突层出不穷、源源不断。但这其中有多少是因为性格不合引起的，而不是因为年龄差异引起的呢?我们可以通过色商系统来分析一下代际交流上的障碍。

全世界，各类颜色性格者所占总人口的比例永远维持在一个相当稳定的数值——绿色性格者 17%，红色性格者 27%，蓝色性格者 10%，金色性格者 46%（这些结论是根据我的调研及迈尔斯—布里格斯性格类型的一个分支指标推导得出的）。但是每一代人特有的价值观和行为模式，都可以在他们的基本色商性格中找到。比如，在婴儿潮时期出生的婴儿整体来说接受并且看重金色性格者的价值观和行为（欲了解更多详细介绍，请阅读本章后半部分）。由于婴儿潮时期出生的金色性格者本能地觉得很适应这个时代，其他性格类型的人就必须努力适应这个时代的主流价值观和行为方式才能获得成功。

老一辈人的性格特点是——保守，追求稳定的投资，谨慎对待新兴事物，这在金色性格者身上尤为突出。金色性格者在所有性格中占据了非常大的比例——46%，同时也是管理层中最多的性格类型。金色性格者是最主要的老板型性格。

当下的年轻人着眼于“现在”，讲究劳逸结合，追求刺激，这些性格特征在红色性格者身上体现得尤为突出。在高压力下工作的红色性格者有：消防员、警察和士兵。目前，这些职位大多是年轻人在做。

看看下面的例子，猜一猜是由于哪种矛盾引起的。

红色性格者和金色性格者间的冲突或年轻人和老年人间的冲突？

吉姆（金色性格者）是某知名银行的经理，他把红色性格的助理威尔叫进办公室，然后关上了门。

吉姆开始说："威尔，我看到了你的进步。但是你的自由时间不得不减少；因为你不在，有太多细节工作被疏忽了。两个小时的午餐时间显然不能再持续下去了，就算你迟到了你也要想办法把迟到的时间给我补回来。而且我必须知道你到底是在上脸书（FACEBOOK）还是在做调研，这样我才能放心。我需要你做出更多报告来，少给我来那些独断的决策。你觉得呢？"

威尔感到措手不及。在这之前，吉姆只会表扬自己，不会做出任何其他评论，虽然只是非常偶尔地表扬。威尔皱皱眉，动了动已经坐着发烫的椅子。"我会完成工作的，而且我也从来不逾期交付工作，"威尔说，"我不知道哪些细节被疏忽了，因为这是我第一次听你这么说，你可以给我举例说明一下吗？"

吉姆结结巴巴。其实刚才他只是假设在空闲时间事情有可能变糟糕，因为如果一名员工经常不在工位上做自己的工作就容易出现问题。现在他也皱起了眉头。

"好吧……比如，周二你只提前了十分钟告诉我要去参加峰会，我差点误了那场会议。"

威尔很困惑。十分钟对于他来说真的已经足够了，而且吉姆实际上也接到了他的电话通知。

这是红色性格者与金色性格者间的冲突还是年轻人与老年人间的冲突？

二者兼有。这是工作与生活的平衡，威尔试图了解婴儿潮出生的金色性格者吉姆。他是需要工作、生活平衡的一代人——红色性格的威尔试着去理解一个金色性格的工作狂——吉姆。如果现在分析一下问题就会发现，所有矛盾都是由性格不同所致——是红色性格者（主动、适应性强、有危机意识）与金色性格者（可预见性强、追求稳妥、强调步骤）之间的问题。

在文化倾向的表面下，如今职场矛盾通常都是因为性格类型的不同导致的。最典型的就是红色性格者与金色性格者之间的对峙（正如案例中所描述的一样），或者是绿色性格者与蓝色性格者之间的对峙（“人与情感”对峙“脱离团队、战略、逻辑”）。程度较轻的则是金色性格者与蓝色性格者（“稳定”对峙“创新”）以及红色性格者与绿色性格者（“实践与具体”对峙“直观与抽象”）间的矛盾。

现代职场中主要有四代人：

1. 出生于1925—1945年的传统主义者。正如丽塔·穆雷（Rita M Murray）和海勒·拉特奇（Hile Rutledge）在《代际：以类型缩小代沟》（*Generations: Bridging the Gap with Type*）中所描述的那样：这个时代的人曾经历过两次世界大战和大萧条时期，因此他们更重视保障、社区、等级制度及权威性。他们的工作模式类似军事结构。这是金色性格者的价值观。

2. 婴儿潮时期，那些出生于1946—1964年的人，大概有8 000万人。此时，工作竞争空前激烈，培养出了一大批工作狂，他们为了生存会一周工作64小时。婴儿潮这代人竞争力强，他们追求有形的巨大成就，如奖杯、加薪、角落办公工位；他们通过工作来衡量自己的价值。婴儿潮期间出生的人，同他们的父母一样非常重视金色性格者的价值观。尽管世界上四种性格颜色的人所占的百分比一直保持在稳定的数值，婴儿潮时期出生的人依然是被金色性格者所主导的一代人，而其他性格颜色的人则必须去适应他们。

3. 紧跟着婴儿潮之后出生的是“X一代”，也就是1965—1979年出生的一代人。他们拒绝继续像婴儿潮那代人那样以工作为重心，他们注重工作和生活的合理分配。代际问题专家菲利斯·维斯·哈斯洛特（Phyllis Weiss Haserot）对于当今这四代人做了很多深入的实践研究。据他所说，“X一代”现在已经处于年收入的巅峰期。他们积累了相当多的专业知识，不但可以熟练使用新兴的电子通信设备进行交流，也不介意面对面交谈，这使得他们在工作中更能随机应变，在更大程度上适应职场的多样性。他们通过自己的努力，撕掉了年轻时被扣上的标签，如今也是十足的工作狂。“X一代”的价值观与蓝色性格者更贴近，比尔·盖茨就是一个非常有代表性的例子，他富有远见，乐于创新。

4. 千禧一代（又称“Y一代”）是出生于1980—2000年的一代人。他们拥有伟大的理想，为了得到他人的认可而努力工作。《千禧一代领导者》（*Millennial Leaders*）一书的作者比·菲尔德（Bea Fields）列出了这一代人共有的价值观：工作与生活的平衡、获取信息、高速、有乐趣、创作、简单。到2011年，这些人将占总工作人口的28.8%，至2016年将会下降到28.3%。“Y一代”展现得更多的是红色性格者的特质，他们自我奖励，顺其自然。

在工作时，代际之间难以避免相互接触，或是导师与学员的关系或是上下级关系。由于互联网时代的到来，人际关系中不再有绝对纯粹的导师或老板类的角色。“我感兴趣的交流模式是，”纽约生活投资公司（New York life investment）的克里斯蒂·比恩鲍姆说，“Facebook的马克·扎克伯格与经验丰富的经理谢丽尔·桑德伯格的相处之道。”

《导师指南》（*The Mentor's Guide*）的作者路易斯·扎卡里说：“‘Y一代’的人很喜欢有人辅导他们的职业发展，他们也会帮助老一代的人发展社交媒体，教给他们一些技能。”“Y一代”能源和效率专员梅根·阿特金斯说：“我最有价值的财富是意识到我们这一代人需要有长远眼光的导师。”

两个最有代表性的代际冲突问题是老员工不得不给年轻老板做报告，学习沟通技能。那么，这些冲突在不同色商性格者之间是如何被反映出来的呢？

金色性格者与红色性格者

案例一：金色性格的年轻老板，红色性格的年长员工

金色性格者坚持认为红色性格者应该严格遵守自己的规章制度，而且完全不能忍受红色性格者散漫、随心所欲的态度。红色性格者误解了金色性格者，觉得他们看起来挑衅、无礼。红色性格者叛逆，不会立即采用领导要求使用的技术，直到他们自己意识到这些技术很有趣。

案例二：红色性格的年轻老板，金色性格的年长员工

金色性格的老员工会不断地问年轻老板们有关步骤章程的问题，老板们会觉得不耐烦，认为他们没有即兴发挥的能力。红色性格者多专注于高精尖的新技术，而金色性格者则很难快速接受新兴事物（在这里需要申明，这些不是代际矛盾，而是不同色商性格类型之间的矛盾）。

金色性格者与绿色性格者

案例一：金色性格的年轻老板，绿色性格的年长员工

金色性格者会坚持认为绿色性格者应该严格遵守他们的规章制度。

绿色性格者觉得很难遵守线性的、一步步的程序，他们在不停地产出积极的情绪和想法，这些会让消费者给予更好的回馈。年轻的金色性格的老板可以娴熟地处理人际关系，但是绿色性格者很快就能发现高新技术的应用，提出未来更广阔的使用前景。金色性格者反而会觉得这样很烦，不会马上掌握新技术。

案例二：绿色性格的年轻老板，金色性格的年长员工

绿色性格的老板会努力与金色性格的员工搞好关系，在相处过程中尽量把他们的感受排在第一位。绿色性格的老板需要花费很长时间和金色性格的员工们熟悉起来，变得亲密起来。当他们熟练掌握某项技术时，不要吝啬你的赞美之词。如果金色性格者的技术不转变成标准的操作流程，他们会不开心。或者，他们会要求调到另一个部门，远离这位偏心、过于友好、意识流思维的老板。金色性格者会埋怨老板年轻，这十分符合他们的金色性格特征。

金色性格者与蓝色性格者

案例一：金色性格的年轻老板，蓝色性格的年长员工

老板会坚持认为员工们应该严格遵守他们设定的规章制度。蓝色性格的员工则会尽量让老板远离自己，不干扰他们工作，这样才能有更多的创新。相比之下，蓝色性格者希望和老板之间的关系是公平的；在技术上，或许他们比年轻的金色性格的老板更娴熟，有天分。他们天生对技术感兴趣，有时候会在不经意间流露出来：同样处于高层的位置时，金色性格者或许不如蓝色性格者有能力。

案例二：蓝色性格的年轻老板，金色性格的年长员工

这是讨论代际问题的最典型案例，但事实上，这完全是由性格差异所致。如果年轻的老板是技能掌握得最好的，而金色性格的老员工最不想使用新技术。这个组合将会给双方都带来巨大的冲突与痛苦。如果金色性格的员工拒绝使用新技术，那么蓝色性格的老板一定会因此感到反感；然后，员工会觉得年轻老板很难对付，因为这就是最不传统的安排。不断要求金色性格者去接受新技能、新搭档会把他们逼上绝境，他们是遵循传统、喜欢稳定的人（再一次申明，这是性格上的矛盾而不是年龄代沟的问题）。

红色性格者与绿色性格者

案例一：红色性格的年轻老板，绿色性格的年长员工

这种搭配非常好。年轻的老板将非常积极地采纳新兴技术，不断地在实践中收获快乐。绿色性格的员工为了尽快建立良好的合作关系，也会快速掌握技术，让老板开心。当看重细节和事实的线性思维的红色性格者想要和常用隐喻手法的抽象、非线性思维的绿色性格者交流的时候，会出现矛盾。红色性格的年轻老板或开心或恼火，说："你是在跟我讲中文吗？我怎么听不懂？"

案例二：绿色性格的年轻老板，红色性格的年长员工

绿色性格的老板会尽可能放权给手下的员工，让他们感到舒适。红色性格的员工也希望自己独自工作，这样才能更专注。慢慢地，老板可能会觉得自己的权威被削弱了（但这只是因为员工们不想有老板在身边，不想给自己造成负担而已）。红色性格的员工和绿色性格的老板对高新技术的追求程度差不多，换句话说，他们都不喜欢有冲突，都希望进步，公司发展、人际关系越来越好。红色性格者会使用新技术把工作完成，绿色性格者会探索更多的艺术潜力和市场潜力。

红色性格者与蓝色性格者

案例一：红色性格的年轻老板，蓝色性格的年长员工

在这种关系中，年长的员工很难给予老板们足够的尊重。蓝色性格的老员工有逻辑，有战略计划，是成就激励型人才，同时他们看重高新技术。年轻的红色性格的老板们则具有主动性，喜欢与人合作，不安分，享受危机带来的压力（如果没有压力他们甚至会自己创造压力）。蓝色性格者对危机深恶痛绝，他们认为合理的战略计划能够避免危机的发生。蓝色性格者之所以不尊重红色性格的老板多数是因为老板们没有足够的能力掌控整个项目；而红色性格者不尊重蓝色性格者，是因为蓝色性格的员工不能在项目中期做出相应的调整与修正。蓝色性格的员工则认为，与年轻但更实际的红色性格的老板相比，他们更擅长发现和发掘技术的潜力。

案例二：蓝色性格的年轻老板，红色性格的年长员工

精通技术的老板们会将员工不积极接受最新技术的原因归结于红色性格员工的年龄问题，但实际上是因为红色性格者偏好实践性的工具而非理论上的工具。蓝色性格的年轻老板会觉得员工们把脚放在桌子上聊天或者鼓捣一些小玩意儿是不顺从自己的表现。但事实上，这不是怠慢的表现；从某种程度上讲，这只是一种行为风格的差异，红色性格者更随性（蓝色性格者将会在下一次危机到来时意识到红色性

格者非常善于解决这些问题）。

绿色性格者与蓝色性格者

案例一：绿色性格的年轻老板，蓝色性格的年长员工

最开始的时候，老板们为了让蓝色性格者觉得舒服些，不去打扰员工们的工作。蓝色性格者对于完成任务的方式很挑剔，经常挑战老板的观点。蓝色性格者的员工同老板一样擅长技术，甚至比老板更精通，所以可能经常说出一些质疑的话而得罪了老板（蓝色性格者可能不会在意这些，但绿色性格者会往心里去）。绿色性格者是所有色商性格类型中最富有感情的一类，而蓝色性格者往往忽视社会礼节（尤其是在他们负责某一项目时）。当两者的行为风格间存在差异时，年轻的绿色性格者将不会顺从自己。

案例二：蓝色性格的年轻老板，绿色性格的年长员工

年长的员工们希望能够与大家建立良好的关系。为了达到老板的要求，他们会非常努力地工作，尽可能与老板们一样掌握技术。但是蓝色性格的老板犀利的批评似乎从未停止过，这会对员工造成很大的打击。如果绿色性格的员工在工作时带有一点儿小情绪，蓝色性格的老板可能会说："那你就带着情绪干活吧。"

尽管不同的文化和世界观给代际交流带来了困难，但究其根本，矛盾主要还是源于性格的差异。建议尝试"转变风格"的办法（除本章以外，第五章、第十章、第十五章、第二十五章也有所描述），就可以在不同时代的人群间构建起一座桥梁，把大家不同的经历整合交融在一起。

第二十九章　自我指导成功之路

本章将会简要介绍如何使用色商系统进行自我指导，学习新技能，解决职场中的矛盾。

蓝色性格者：可以运用本章知识来验证色商体系内容的有效性及其他章节所提到的方法的价值。

金色性格者：可以使用本章的材料指导自己总结色商系统。

绿色性格者：快速回顾本章内容“转变风格”，对付问题同事。

红色性格者：如果你只想读本书的一个章节，那请认真阅读本章节。

下面请阅读各自的色商类型部分。

蓝色性格者

威廉（蓝色性格者）正在跟团队成员商讨预算问题，他说：“我们的预算方式已经过时了，现在需要用这个最先进的软件重新做一遍。”

“不!”艾拉（金色性格者）喊道，“我们在这么短的时间之内是没办法完成的。”

“好啊!”约翰（红色性格者）说道，“我用β测试了一下，结果很棒!”

“也许吧，”特里（绿色性格者）说，“我们的负责人怎么看待这个问题?”

蓝色性格者最好通过以下方式进行自我指导：

· 利用你对能力和专业知识的渴望。

· 直接向有逻辑的、坚强的领域专家寻求准确信息。

· 最好开一场辩论会直面竞争，有效地反馈信息。

· 大胆地深入探讨，评估材料，设定自己的目标，把控自己的进程。

蓝色性格者会在以下情况和别人发生冲突：

· 过多犀利的批评言论（绿色性格者）。

· 认为逻辑高于情感（绿色性格者）。

· 不断尝试创新与“提高”（金色性格者）。

· 忽略细节和步骤（金色性格者）。

· 专注于战略部署而非实践（红色性格者）。

· 经常讨论抽象概念（红色性格者）。

金色性格者

卡米尔（金色性格者）在一家大公司负责小额现金开销账户相关工作。罗伯特（绿色性格者）问道：“我需要500美元的旅行经费以及150美元和客户吃早餐的经费；你觉得我需要提升一下公司信用卡的额度吗?”

“那你写三个单独的申请表单交给我吧。”卡米尔说。

“我需要12 000美元来开展第三季度的研究，”昆汀（蓝色性格者）说，“但是我的额度只有500美元，而且现在才刚7月。”卡米尔回答道：“那你写一份申请表交过来吧。”

“我现在需要1 000美元，卡米尔。我现在要去机场了。”路易

（红色性格者）笑着说。卡米尔想了想说：“只有递交了申请表我才能批准，你知道吗？现在赶快去写吧！”

金色性格者最好通过以下方式进行自我指导：

·在不断的学习和实践中进步，直至出色地完成目标。

·向可以给你提供丰富数据、一对一反馈、合理的期限以及清晰目标的导师学习。

·上课前多看看材料，用辩证思维看问题。

·列清单，一步步提高自我。

·使用真实的演示模具、案例、实验室。实践必须先于理论进行。

金色性格者会在以下情况和别人发生冲突：

·强调步骤而非直觉（绿色性格者和蓝色性格者）。

·喜欢一步步地实行具体的计划，而非运筹帷幄（蓝色性格者）。

·抵制改革创新，效率高、传统。（蓝色性格者和红色性格者）

·遵守规章制度，不愿听取他人的反馈做出改变（红色性格者）。

·遵守程序要求（红色性格者）。

·在讨论中出言不逊，没有逻辑（绿色性格者和蓝色性格者）。

绿色性格者

斯泰西（绿色性格者）是公司搬家计划的负责人。我们先来问问每个员工的需求吧，她说。

“或许，我们可以做一些调研，预测一下未来 20 年的租金会是怎样的。”奥尔森（蓝色性格者）说道。

“把它们一步步列出来。”丽塔（金色性格者）说道。

“租那个最便宜的就行了！”卡尔（红色性格者）说道。

绿色性格者最好通过以下方式进行自我指导：

- 运用你善用时间的能力来设定短期内可达成的目标。
- 外向性格者组团工作，内向性格者独自看手册和参考资料。
- 按一定规律排序，运用比喻或者类比的手法。
- 首先要考虑一下大局是什么，再往里面填充细节部分。
- 思考如何利用现有的资源让自己和他人有所提高。

绿色性格者会在以下情况和别人发生冲突：

- 采用意识流的方式，而非不间断的交流（金色性格者）。
- 强调人的影响力高于长久的战略计划（蓝色性格者）。
- 总是表示同情和理解，而不付诸行动（红色性格者）。
- 避免谈论具体事项（红色性格者）。

红色性格者

“着火了！”艾利克斯（红色性格者）喊道，他跑去拿计算机室的灭火器。

多洛雷斯（金色性格者）正在疯狂地寻找应急程序。哈利（蓝色性格者）马上回忆每一个逃生门的位置，并快速选定了一个最不可能拥堵的逃生门。莉莉（绿色性格者）拿起她的手机给丈夫打电话，然后赶忙去帮助一名坐在轮椅上的同事。

红色性格者最好通过以下方式进行自我指导：

- 敏锐地观察细节问题，迅速参与解决问题。
- 快速将现状与个人经验、“尝试—犯错—再尝试”的实验模式、与人相关的故事联系起来。
- 向经验丰富的人咨询解决方法。

· 充分利用实验室、演示模具，进行实地考察，善用多媒体网络。

· 如果你是内向性格，那就独自研究说明手册；从因果关系中学习有所收获。

· 学会变通，不能一味地遵循规章制度，在最终期限前完成任务。

· 高效，同时也要有趣！

红色性格者会在以下情况同别人发生冲突：

· 不依据“原计划”行事，在中途修正计划（金色性格者）。

· 随心、随性的做事风格，而非按部就班（金色性格者）。

· 喜欢在实践中思考，没有整体的战略计划（蓝色和金色性格者）。

· 勇于挑战创新，不安于现状（蓝色性格者）。

· 多行动，很少对他人表达同情和理解（绿色性格者）。

· 喜欢具体的交流方式，而非比喻和类比（绿色性格者）。

如果你是一名领导者，当务之急是提高自己化解矛盾的能力。本书是能帮助你化解矛盾和误解的职业生涯自我指导工具书。建议你向所有的员工分享本书。或许你已在一场职场矛盾中挣扎了许久。色商系统中的“转变风格”的建议能帮助你化解眼前的障碍，让同事更容易接纳彼此。

在职场中提高沟通方式的代价大吗？答案是非常小。但相反，如果你不这样做，那么代价将是非常巨大的，美国每年因为生产力的原因损失数十万亿美元。幸福指数高的人会更努力地工作吗？引用《时代周刊》中一篇文章的话来回答这一问题：“员工的表现在很大程度上取决于管理者的能力和他们帮助员工取得成功的意愿——为他们移除障碍，向他们提供帮助，认可他们的付出。”

你手上现在拿的就是可以帮助你取得长期职业生涯成功的有力工具。